航空维修组织与管理

王治宇　尹　富　管中庆　韩　勇　编著

国防工业出版社

·北京·

内 容 简 介

　　本书系统介绍了航空维修组织与管理的基本理论、管理技术和实施方法,包括航空维修管理概述、可靠性维修性保障性基础、航空维修理论、航空维修计划管理、航空维修质量管理、航空维修安全管理、航空维修现场管理、航空维修精细化管理等内容。本书编写充分考虑军士高等职业技术教育学员的知识结构和认知实际,着眼于岗位任职需求,紧贴现代战争对航空装备维修管理的要求,力求体现航空维修组织与管理的理论与方法的先进性和实用性。

　　本书适用于航空机务维修、无人机飞机系统维修、无人机地面设备维修等各专业培训,也可作为航空机务人员自学航空维修管理理论的辅导教材。

图书在版编目(CIP)数据

航空维修组织与管理 / 王治宇等编著 . —北京:
国防工业出版社,2025.6
ISBN 978-7-118-13678-4

Ⅰ. V267

中国国家版本馆 CIP 数据核字第 2025U499F5 号

※

国防工业出版社 出版发行
(北京市海淀区紫竹院南路23号　邮政编码100048)
北京富博印刷有限公司印刷
新华书店经售
*
开本 787×1092　1/16　印张 10　字数 242 千字
2025 年 6 月第 1 版第 1 次印刷　印数 1—2000 册　定价 59.00 元

(本书如有印装错误,我社负责调换)

国防书店:(010)88540777　　　发行邮购:(010)88540776
发行传真:(010)88540755　　　发行业务:(010)88540717

前　言

科学技术的进步、装备的发展和作战使用需求的牵引,不断推动着航空装备维修向前发展,使装备维修从分散的、定性的、经验的阶段进入到了系统的、定量的、科学的阶段,显著提高了装备维修的综合质量效益。特别是在军队体制编制改革、实战化训练需求与装备发展的新形势下,需要紧跟外场保障面临的新任务、新问题及工作重点,准确地把握航空维修理论的历史演化、发展趋势和规律机理,熟练地掌握航空维修的管理技术和实施方法,对于提升航空装备维修质量和效益具有重要意义。

本书共8章,主要内容包括航空维修管理概述、可靠性维修性保障性基础、航空维修理论、航空维修计划管理、航空维修质量管理、航空维修安全管理、航空维修现场管理、航空维修精细化管理等内容。该书编写中兼顾了学科基本理论的完整性和满足航空机务学员岗位需要的实用性,紧贴航空新装备维修实践,将当前正在开展的持续适航管理和安全管理体系建设等创新性工作纳入教学,使教学内容始终与航空装备维修实践相一致,力求科学、简明、实用。

本书由王治宇、尹富、管中庆、韩勇共同制定纲目,各章编写人如下:第1章由张蓉编写;第2章由尹富、管中庆编写;第3章由张蓉、韩勇编写;第4章由杨仕美、方莉编写;第5章由张波、胡志明编写;第6章由王治宇、韩勇、尹富编写;第7章由王治宇、王晓璐编写;第8章由王治宇、王婷玉编写。全书最后由王治宇统稿与校对,姜坤教授主审。

本书根据航空维修组织与管理课程教学实践,借鉴了有关专著、教材的内容和结构,吸收了近年来我国装备维修管理的有关研究成果编写而成。本书在编写过程中得到了学校机关、航空维修管理工程系的大力支持和帮助,在此深表谢意。本书供航空机务维修各专业培训使用,也可用于航空机务人员自学航空维修管理理论的辅导和参考教材。

由于编者学识和专业水平有限,书中难免有不足及疏漏之处,恳请广大读者批评指正。

编　者

2024 年 11 月

目　　录

第1章　航空维修管理概述

航空装备是指为遂行空中作战任务和实施保障而配备的各种装备的统称,通常指航空器及其各种装置、设备等。随着科学技术的快速发展以及航空装备作战使用需求的变化,航空装备向智能化、信息化、集成化、体系化跨越式发展,航空装备使用维修及保障部门承受的保障资源压力日益增大,航空维修面临着维修需求不确定性与维修资源有限性的严峻挑战,从而进一步加深了航空维修活动对维修理论、科学技术和科学管理的依赖。

1.1　航空维修基本概念

1.1.1　航空维修的内涵

我国国军标 GJB 451B—2021《装备通用质量特性术语》把维修定义为:为使产品保持或恢复到规定技术状态所进行的全部活动。结合目前我军航空装备和维修的实际,本书把航空维修定义为:为使航空装备保持、恢复或改善其规定技术状态而在装备寿命周期过程中所进行的一切工程技术和管理活动。

概念中的"规定技术状态"可理解为航空装备良好的可运行状态或设计的最佳状态,或完成规定功能所必需的状态。

概念中的"保持"是指保持航空装备规定的技术状态,预防装备发生故障,这类活动通常称为维护,有时也称为保养,如润滑、检查、添加油料、清洁等。"恢复"是指对出现故障、损坏或失调状态的航空装备,通过拆修、更换机件等排故措施来恢复装备的规定技术状态,这类活动通常称为修理或修复,如调整、更换、原件修复等。维护和修理不能截然分开,维护过程往往伴随必要的修理,修理过程有时也伴随着维护。"改善"是指对航空装备进行经过批准的改进和改装,以提高其战术技术性能、可靠性或维修性等,或使它适合某一新的用途。

概念中的"工程技术与管理活动"包括航空维修技术活动和管理活动。其中技术活动是指航空机务人员依据装备的构造、工作原理和技术规定、凭借各种维修手段,直接对装备进行维修作业的活动过程。这些活动包括对飞机的润滑、检查、测试、监控和修理等,它们是航空维修最基本的实践活动。技术过程的一个重要特点是直接作用于航空装备。管理活动是指各级维修管理部门和管理人员,依据大量维修信息,经过科学的分析研究,提出维修的指导思想、方针和技术政策,拟定维修发展规划和实施计划,选择适当的维修方式、维修工作类型和维修体制,对维修活动严密组织和严格质量控制的过程。管理过程的一个重要特点是:它侧重于宏观分析,通过大量的、完整的统计资料和丰富的实践经验,采用现代技术手段总结归纳出带有普遍性的原理或规律,用来指导维修活动的局部或全局。航空维修的技术过程与管理过程是互相依存,不可分割的统一体。技术过程是航空维修的最基本的活动过程,没有技术过程,就没有航空维修,可见,技术过程是航空维修的基础;同样,管理过程是保证技术过程能够充分发挥效能,使航空维修达到最佳效果和经济效益的关键。管理过程是否适应技术过程的发展和要求,将直接影响着维修质量和效率。为实现科学维修,必须保持管理过程与技术过程相适应。

由航空维修的定义可以看出:第一,航空维修的目的是经常保持和迅速恢复航空装备的良好和战斗准备状态,保证最短反应时间、最大出动强度和持续作战能力,保障航空装备大规模、高强度和持续作战的使用需求;第二,航空维修是一种活动过程,既包括技术活动,又包括管理活动;第三,从航空装备的维修范围来看,它涉及维修中的"物""事""人"等各个层面。

1.1.2 航空维修分类

从不同的角度出发,航空维修有不同的分类方法,最常用的是按照维修的目的与时机,将其分为预防性维修、修复性维修、改进性维修和战场抢修 4 种基本类型。

(1)预防性维修。预防性维修,是指通过对装备的检查、检测,发现故障征兆进而对航空装备进行的各种维修活动,包括擦拭、润滑、调整、检查、更换和定时拆修等,使其保持规定的技术状态。这些活动是在装备故障发生前预先实施的,目的是消除故障隐患,防患于未然。这种维修主要用于故障后果会危及安全和影响任务完成,或导致较大经济损失的情况。

(2)修复性维修。修复性维修是指装备(或其机件)发生故障后,使其恢复到规定技术状态所进行的维修活动,也称为排除故障维修或修理。修复性维修包括故障定位、故障隔离、分解、更换、再装、调校、检验,以及修复损坏件等。由于修复性维修的内容和时机带有随机性,不能在事前做出确切安排,因而也称为非计划维修。

(3)改进性维修。改进性维修是利用完成装备维修任务的时机,对装备进行经过批准的改进和改装,以提高装备的战术性能、可靠性或维修性,或使之适合某一特殊的用途。它是维修工作的扩展,实质是修改装备的设计。改进性维修通常是结合问题进行改进,一般属于基地级的职责范围。

(4)战场抢修。战场抢修又称为战场损伤评估与修复,是指战斗中装备遭受损伤或发生故障后,在评估损伤的基础上,采用快速诊断与应急修复技术,对装备进行战场修理,使之全部或部分恢复必要功能或自救能力。战场抢修虽然属于修复性的,但维修的环境、条件、时机、要求和所采取的技术措施与一般修复性维修不同,是一种独立的维修类型,直接关系到装备的使用完好和持续作战能力,必须给予充分的注意和研究。

1.1.3 航空维修方式

维修方式是对装备及其机件维修工作内容及其时机的控制形式,是航空维修的基本形式和方法。实际使用中,维修方式是指控制拆卸、更换和大型修理(翻修)时机的形式。在控制拆卸或更换时机的做法上,概括起来主要有 3 种:第一种是规定一个时间,只要用到这个时间就拆下来维修或更换;第二种是不问使用时间多少,用到某种程度就拆卸或更换;第三种就是什么时候出了故障,不能继续使用了,就拆下来维修或更换。这 3 种做法都是从长期的实践中总结出来的,到 20 世纪 60 年代,美国民航界将这 3 种做法分别称为定时维修、视情维修和状态监控(事后)维修。

定时维修方式和视情维修方式均属于预防性维修范畴,而状态监控维修方式则属于修复性维修范畴。

1) 定时维修

定时维修是指按统一规定的时限、不问技术状况如何而对装备或机件进行拆修、更换的工作方式。这里的"时限"可以是规定的间隔期、累计工作时间、日历间隔时间、里程和使用次数等。拆卸工作的范围涵盖从装备分解后清洗直到装备全面翻修。对于不同的装备,拆卸工作的技术难度、资源要求和工作量的差别都较大。拆卸工作的好处是可以预防那些不拆开就难以发现和预防的故障所造成的故障后果,工作的结果可以是装备或机件的继续使用或重新加工后使用,也可以是报废或更换。

定时维修方式主要适用于装备或机件出现的故障与使用时间有关,并且这类故障对安全有直接有害影响,在装备故障发生前通过拆修和更换机件能起到预防作用的项目。

定时维修方式的主要优点是维修时机易于掌握且管理简单,可以预防那些不拆开就难以发现和预防的故障所造成的故障后果。局限性是:它忽视机件工作的特殊性,搞一刀切,往往会造成装备或机件寿命的浪费。其针对性差,维修工作量大,经济性差。

2) 视情维修

视情维修是当装备或其机件有功能故障征兆时即进行拆卸维修的方式。视情维修的结果可以是装备或机件的继续使用或重新加工后使用,也可以是报废或更换。视情维修方式中的"情"是指能代表机件实际使用的技术状况,技术状况可以是通过测量得出的参数值,也可以是通过检查发现的机件磨损或损坏程度等。判断机件技术状况的手段是不分解的检查、测试。视情维修是基于这样一种事实进行的,即大量的故障不是瞬时发生的,故障从开始发生到发展成为最后的故障状态,总有一段出现异常现象的时间,而且有征兆可查寻。因此,如果采用性能监控或无损检测等技术能找到跟踪故障迹象过程的办法,则就可能采取措施预防故障发生或避免故障后果,所以也称这种维修方式为预知维修或预兆维修方式。

实施视情维修方式的关键在于不分解机件就能判断其技术状况的视情检查能否有效实施。视情维修方式的具体体现是定期视情检查,即定期检查装备或机件的技术参数,如发现检测值超过规定的控制值,说明存在故障隐患,应予以排除,以预防故障的发生。视情方式能够有效预防故障,较充分地利用机件的工作寿命,减少维修工作量,提高装备的使用效益。

视情维修方式的主要适用范围是:对不分解即可检测并能获取装备技术状况参数值且故障发展缓慢并有耗损的故障项目;对安全有直接影响,但可通过检查判断机件状态(不分解)加以控制的故障项目。

3) 状态监控维修

状态监控维修方式是在装备或其机件发生故障或出现功能失常现象之后进行拆卸维修的方式,亦称为事后维修方式。对不影响安全或完成任务的故障,不一定必须做预防性维修工作,机件可以使用到发生故障之后予以修复;但也不能放任不管,仍需要在发生故障之后,通过所积累的故障信息,进行故障原因和故障趋势分析,从总体上对装备可靠性水平进行连续监控和改进。工作的结果除更换机件或重新修复外，还可采用转换维修方式和更改设计的决策。

状态监控维修不规定装备的使用时间，在装备或机件发生故障前不做预防性维修工作，因此能最充分地利用装备寿命，使维修工作量达到最低，这是一种最经济的维修方式。

采用状态监控维修必须具备以下条件：一是对安全有直接有害影响或对使用有直接严重影响的故障项目，必须广泛采用余度技术设计，确保此类故障不对安全和使用造成直接有害影响；二是有对装备或机件使用状况进行连续状态监控的手段；三是使用部门必须有一个有效的可靠性信息管理系统，能进行故障趋势分析，预测故障宏观发生的时机，制定控制标准，从总体上监控装备或机件的可靠性水平。

1.1.4　故障及故障分类

1）故障的含义

GJB 451B—2021《装备通用质量特性术语》将故障定义为：产品或产品的一部分不能完成预定功能的事件或状态，称为功能故障，简称故障。对某些不可修复产品，如电子元器件、弹药等，称为失效。有时产品不能完成"预定功能"是明确的，如照明灯灯丝突然烧坏，不能照明，明显出了故障；有时产品不能完成"预定功能"并不太明确，如发动机活塞磨损超过一定程度，功率下降，油耗增大，可以算作故障；如果减小负荷，改善润滑，还可继续使用，也可以不算作故障，所以需要确定故障判据。同一产品不同使用部门所确定的故障判据可能是不一致的，但是在一个使用部门内，应有统一的要求。判据不同，同一产品故障统计数据不同，影响故障的统计分析。

2）故障的分类

这里从维修研究和实践的需要来进行故障分类。

（1）按故障的发展过程分为功能故障与潜在故障。

功能故障是指产品不能完成预定功能的事件或状态，是产品已经丧失其功能的状态。

潜在故障是指产品将不能完成预定功能的可鉴别状态。许多产品，在它尚未丧失功能以前，根据其某些物理状态或工作参数，可以判断功能故障即将发生。例如，飞机轮胎在磨损过程中，先磨去胎面胶，然后露出胎身帘线层，最后才发生故障。像这种即将出现功能故障的可鉴别的状态称为潜在故障。

（2）按故障的可见性分为明显功能故障与隐蔽功能故障。

明显功能故障是指正常使用装备的人员能够发现的功能故障。这类功能故障常常是操作人员凭感觉器官或是在用到某一功能时发现的。在大多数装备中，操作人员察觉故障的能力还由于装备配置有大量的仪表、告警装置或其他监控装置而提高了。

隐蔽功能故障是指正常使用装备的人员不能发现的功能故障。如果一个产品有若干功能，在这些功能中有一种功能的丧失是"不明显的"，这种功能称为隐蔽功能，称该产品为隐蔽功能产品。隐蔽功能包括以下两种情况。

一是正常情况下工作的产品，其功能故障对于正常使用装备的人员是不明显的。例如，一些动力装置的火警探测系统属于这种情况。该系统只要动力装置在使用，它就在工作，但其功能对正常使用动力装置的人员是不明显的，除非它探测到了火警；如果它出了某种故障,探测不到火警,则该故障就是隐蔽的。

二是正常情况下不工作而处于备用状态的产品,使用时是否良好,对正常使用装备的人员是不明显的。配合火警探测系统的灭火系统属于这种情况,除非探测到了火警,否则灭火系统是不工作的,只有当需要使用它时,使用人员才发现它能否工作。

(3) 按故障的相互关系分为单个故障与多重故障。

单个故障有两种情况:一是独立故障,不是由另一产品故障引起的原发性故障;二是从属故障,是由另一产品故障引起的继发性故障。

多重故障是指由连续发生的两个或多个独立故障所组成的故障事件。它的后果可能比其中任何单个故障所造成的后果更严重。

1.1.5　航空维修工作类型

航空维修工作类型是对航空装备进行预防性维修工作所采取的各种技术措施的类别,即航空维修工作的分类。目前常见的工作类型共 7 种,有保养、操作人员监控、使用检查、功能检测、定时拆修、定时报废和综合工作。

(1) 保养。保养是指为保持装备固有设计性能而进行的表面清洗、擦拭、通风、添加油液或润滑剂、充气等工作。它是对技术、资源要求最低的维修工作类型。

(2) 操作人员监控。操作人员监控是操作人员在正常使用装备时对其状态进行监控的工作,其目的是发现潜在故障。这类监控包括对装备所做的使用前检查,对装备仪表的监控,通过气味、噪声、振动、温度、视觉、操作力的改变等感觉辨认潜在故障。但它对隐蔽功能故障不适用。

(3) 使用检查。使用检查是按计划进行的定性检查工作,如采用观察、演示、操作手感等方法检查,以确定装备或机件能否执行其规定的功能。例如,对火灾告警装置、应急设备、备用设备的定期检查等,其目的是发现隐蔽功能故障,减少发生多重故障的可能性。

(4) 功能检测。功能检测是按计划进行的定性检查工作,以确定装备或机件的功能参数是否在规定的限度之内,其目的是发现潜在故障,通常需要使用仪表、测试设备等。

(5) 定时拆修。定时拆修是指装备使用到规定的时间予以拆修,使其恢复到规定状态的工作。

(6) 定时报废。定时报废是指装备使用到规定的时间予以废弃的工作。

(7) 综合工作。综合工作是指实施上述两种或多种类型预防性维修工作。

1.2　航空维修管理的内涵与特点

管理是一种特殊的人类社会实践活动,是任何组织生存与发展所必需的。管理因对象的不同而具有特殊性,但其概念、原理、职能、要素和过程等具有显著的普遍性。航空维修系统作为社会大系统的一个子系统,也离不开科学的管理。

1.2.1　航空维修管理的内涵

1) 管理的内涵

在管理理论的发展过程中,不同的学派和不同的学者对管理有着不同的认识。科学管理之父泰罗认为：管理就是"确切地知道你要别人去干什么，并使他用最好的方法去干"。诺贝尔经济学奖获得者赫尔伯特·西蒙认为：管理就是决策，决策贯穿管理的全过程。组织管理之父法约尔认为：管理是所有的人类组织（不论家庭、企业或政府）都有的一种活动，这种活动由5项要素组成，即计划、组织、指挥、协调和控制等。

首先，管理作为一种活动，一定是在一个特定组织、特定时空环境发生、发展直至结束的。从时间的角度来看，管理是一个动态过程，因为时空环境并不是静止的。

其次，管理这种活动的发生是有目的的，那么，该目的是什么呢？显然，这与管理的出发者欲达成的目标相关，这一目标可以是组织的目标。

再次，达成组织目标是需要资源的，但世界上资源有限，供给有价格，这就使得达成组织目标有一个成本与收益的比较，有一个投入与产出的衡量。

根据上述讨论，可以给管理下一个统一的符合其实质的定义：管理是对组织的资源进行有效整合以达成组织既定目标与责任的动态创造性活动。计划、组织、指挥、协调和控制等行为活动是有效整合资源所必需的活动，故它们可以归入管理范畴之内，但它们仅仅是有效整合资源的部分手段或方式，因而，它们本身并不等于管理，管理的核心在于对现实资源的有效整合。

2）航空维修管理的内涵

航空维修是一个复杂的大系统，是一个多层次、多环节、多专业的有机统一体，要使这个系统运转灵活，相互协调，高效能地发挥作用，必须实施科学管理。

航空维修管理是指对航空维修系统及其相关资源进行有效整合，以达成系统既定目标与责任的动态创造性活动的总称。航空维修管理利用计划、组织、指挥、协调、控制等管理活动，有效整合人、财、物、时间、信息等航空维修管理要素，以提高航空维修资源的利用效率和效益，高效地达成航空维修目标。

航空维修管理贯穿于航空维修活动的全过程，为完成预定的维修任务，有效实现维修目标，需要对航空维修要素进行计划、组织、指挥、协调和控制。随着航空技术的飞速发展，航空装备结构日趋先进复杂，要求维修工作者必须掌握更为先进的工艺技术知识，研究新的维修技术、方法和装备使用中的主要矛盾，按照航空维修的特点和规律，对维修装备进行科学维修，实施科学管理，制定出正确的维修方针政策和技术措施，加强维修的有效性和经济性，达到优质、高效、低消耗，出好飞机、多出飞机、快出飞机的航空维修目标。

1.2.2　航空维修管理的特点

航空维修管理的特点是航空装备使用和维修保障特点在管理上的集中体现，同时也是航空维修管理不同于其他管理的一些特殊要求。归纳起来，这些特殊要求主要有以下几点。

1）实行全寿命维修管理，管理范围广

传统的维修管理主要是在航空装备使用保障阶段进行，随着现代维修观念的发展，为了保障航空维修系统获得最好的维修效果，按照全寿命管理的要求，航空维修管理必须对装备从设计制造到部署使用直至退出现役全过程实施监督、控制和管理，以保证航空维修系统获得最好的维修效果，因此，维修管理的幅度不应只限于使用阶段，还应前伸后延。对使用阶段的维修管理,应对使用过程实行全面管理。

由于航空装备是一个"准单次"系统,必须以有效维修保障为前提,是系统各要素相互作用、相互影响的结果,因此,维修管理不能仅局限于一次维修作业的管理,必须从装备作战使用要求出发,制定合理的装备使用和维修保障计划,统筹管理,协调运作,合理安排使用和科学组织维修,全面管理好使用阶段的各种使用状态,保持装备有序、有效运行。从使用阶段的维修管理转变为全寿命维修管理,现代航空维修管理范围比以前更广了。

2)维修需求不确定性,管理难度大

航空维修是服务与保障作战使用的,因而,航空维修的一个主要特点是需求的不确定性。战争爆发的突然性和战斗任务的不确定性,以及航空装备的复杂性和技术状态变化的随机性,使航空维修任务变动大,因而,进行总体规划和计划管理等难度也大,既要规划预防性维修工作,又必须适时安排偶然性的修理任务;既要做好平时的修理工作,又必须随时做好战时维修保障准备;既要组织正规的维修生产,又必须适应各种环境下的维修要求,如主动保障、快速反应等。因此,航空维修特别需要实施科学管理,以提高航空维修的有效性。

3)过程控制严,管理要求高

航空装备使用过程的有效性,包括安全性、可靠性、可用性、经济性等要求,在很大程度上取决于航空维修系统的有效性。提高维修系统的有效性,关键在于适时做好维修过程的控制。

由于航空维修管理的幅度大、难度大,特别是受内外各种因素的影响,使计划和技术管理都十分复杂。在这种情况下,对维修过程的控制就显得十分重要,它不仅工作量大,而且要求高。为了满足战斗、训练的需要,最大限度地提高装备的可用性,首先要严格控制维修进度,这就要求要努力缩短维修时间,提高维修效率,减少维修频度,加速维修系统的运转,以保持最大数量的装备处于良好可用的状态;其次要严格控制维修质量,这就要求努力提高维修人员的技术业务素质,研究改进维修手段,加强装备全寿命过程和使用维修过程各个环节的质量监控和检验,以保持、恢复、改善和提高装备的可靠性水平,保证装备使用的安全、可靠。从各个系统来讲,就是要从时间和空间上加强控制,做好系统的平衡协调,以保证系统能有序、稳定地运行,努力实现维修任务与维修能力、外部环境和内部要素之间的动态平衡,适时协调系统内部各个部门、各个环节和各项要求之间的关系,以提高系统整体的功效,求得最佳的维修效益。

4)航空装备系统结构复杂,管理方式多

航空装备结构复杂,不同维修机构专业分工粗细不一,装备技术状况变化多种多样,带来不同的维修深度和难度,相应地,要配备不同的维修人员、设备、设施和物资器材,再加上维修技术培训、维修科学研究、维修物质保障以及各种管理部门的设置,使维修系统成为一个多专业、多等级、多层次、多部门的结构复杂的大系统。由于系统的各个组成部分、各个子系统的性质、任务分工和工作条件不同,必然要有多种多样的管理形式。这不仅表现在系统内维修机构与科研单位、技术院校、维修保障部门等在管理内容上有着明显的差别,而且在各级维修机构中,如基层级维修、中继级维修和基地级维修等,在管理方法上也不相同。

因此,为保证完成装备作战使用任务的总目标,航空维修管理必须重视加强系统的综合管理,在宏观上全面规划系统的发展方向和目标,确立维修方针政策,搞好系统内部、外部协调和平衡,同时,在宏观指导下,按照各个部门和机构的不同任务、性质,采取不同的方式做好微观管理工作。这种管理方式、方法上的多样性,是航空维修管理的一个突出特点。

1.3 航空维修管理的职能和主要内容

1.3.1 航空维修管理的职能

管理职能也称为管理功能,是对管理工作应承担任务的浓缩和概括,主要包括决策职能、计划职能、组织职能、领导职能和控制职能等。

(1)决策职能。管理决策观认为:决策是管理活动中最基本、最重要的内容,它贯穿于管理的全过程和各个方面,事关管理工作的成败。航空维修管理的决策活动贯穿于维修活动全过程之中,要求航空维修决策者必须掌握科学决策的理论和方法,运用现代科学成果,遵守科学的决策程序,努力做到决策的民主化、科学化、最优化。

决策是航空维修管理的首要职能活动。任何一项维修行动,总是要先作决策,再制定计划,并依据决策意见和计划方案组织实施,在实施过程中发生领导、协调和控制等行为时也都存在着形式不同、内容各异的决策活动。因而,决策活动既是航空维修管理活动的首要环节,又贯穿于维修管理的全过程,在维修管理中具有核心地位和作用。

(2)计划职能。计划职能在航空维修管理中处于重要的地位。就维修过程而言,无论是航空维修政策、法规和策略的制定,还是维护、排故、修理的实施,乃至装备的退役、报废等,都需要制定计划来组织实施。

管理中的计划有两种解释:一种从狭义的角度认为,计划是管理人员筹划未来行动的活动,即针对某一既定的决策目标,研究和选择实现目标的方式、途径和方法;另一种从广义的角度来解释管理计划,认为预测、研究和决策,以及选择实现目标的方式、途径、方法等都是计划职能的内容。

(3)组织职能。组织是航空维修管理中继决策职能、计划职能之后的又一项重要职能。决策工作确定了目标,计划工作制定了行动方案之后,接下来就要依靠一系列的组织活动来贯彻落实。只有做好航空维修管理的组织工作,才能使决策方案得以顺利实施,才能保证科学维修目标得以实现。

(4)领导职能。领导是航空维修管理的一项重要职能。有效的、强有力的领导,对于更科学地作出决策、更合理地制定计划、更高效地组织实施和更严格地实施控制,都具有非常重要的作用。

现代管理学观点认为:领导是领导者、被领导者和领导环境等三要素相互作用的过程。因此,领导的概念可描述为:在一定的客观环境中,领导者通过一定的领导行动去影响、指导被领导者为实现某种预定目标而努力工作和积极贡献的过程。

(5)控制职能。控制是航空维修管理的最后一项职能。任何管理决策、计划的组织实施,都需要及时的管理控制,航空维修管理的控制则主要是对维修质量的控制。

管理职能理论认为:控制是管理的重要职能,是以决策目标和计划指标为依据,对计划的完成情况和目标的实现程度进行检查与评估,并适时纠正偏差,以确保决策目标按计划步骤实现的一系列管理行为。显然,管理控制首先具有目的性,即管理控制始终要围绕组织的目标进行;其次,管理控制具有整体性,这既是因为全体成员都是管理控制的主体,更是因为控制的对象包括组织活动的各个方面、各个层次、各个部门、各个阶段;最后,管理控制具有动态性,即组织活动的动态性决定了管理控制方法的多样性。

1.3.2　航空维修管理的主要内容

根据航空维修管理的内涵,航空维修管理的最终目的是要把组织实施航空装备维修工作建立在现代科学技术的基础上,运用科学的维修管理理论与方法,掌握航空装备维修规律,从维修的全局出发,对维修系统中各个环节和过程进行预测、计划、组织、监督和控制,达到最佳的维修效果和经济效益,保障航空装备作战训练等任务的完成。因此航空维修管理的主要内容归纳起来具体有以下 10 项。

(1) 提出、确定和贯彻航空维修总的指导思想、方针、原则。

(2) 制定和执行航空维修法规、规程和技术政策。

(3) 研究、改进航空维修管理体制和维修作业体制的系统结构,充分发挥各个机构、环节的职能。

(4) 研究和选用合适的维修方式和维修工作类型,组织改革和采用先进的维修手段,确定维修等级、维修制度。

(5) 运用预测技术,实施航空维修计划管理。

(6) 掌握航空维修活动程序和主要环节,确保维修质量、维修安全,控制维修差错。

(7) 组织实施装备使用和维修信息数据的收集、加工处理、统计分析与预测等工作,完善维修信息管理系统,为科学维修提供可靠的决策依据。

(8) 加强维修训练,加速人才培养。研究训练方针,制定训练规划,改进训练体制,不断提高维修管理水平和维修作业水平,对技术人员进行合理使用,科学组织实施维修工作。

(9) 重视和掌握维修经济性研究,搞好维修经济效益分析。

(10) 搞好维修科研,加强可靠性、维修性、保障性理论和现代航空维修理论的研究,促进航空维修现代化建设。

小　结

本章阐述了航空维修管理的相关概念,介绍了航空维修概念、航空维修分类、航空维修方式、故障以及航空维修工作类型。从航空维修管理内涵、特点、职能和主要内容 4 个方面论述了航空维修管理的相关知识。

思考题

1. 什么是航空维修? 如何理解航空维修技术活动与管理活动是互相依存、不可分割的统一体。

2. 什么是故障？故障的分类有哪些？

3. 什么是航空维修管理？其主要特点是什么？

4. 试比较分析定时维修方式与视情维修方式的异同。

5. 简述状态监控维修方式的适用条件。

6. 航空维修有哪些常见的维修工作类型？试结合维修工作实践分别举例说明。

7. 航空维修管理的主要职能有哪些？

第2章　可靠性、维修性和保障性基础

可靠性、维修性和保障性(Reliability, Maintainability and Supportability, RMS)是航空装备的固有属性,对航空装备的作战能力、生存能力、部署机动性和维修保障费用等具有重要影响。具备基本的可靠性、维修性、保障性等知识素养,是推进航空装备维修现代化建设与科学管理的必然要求。

2.1　可靠性基础

可靠性萌芽于20世纪40年代。雷达等各种复杂电子设备相继出现后,可靠性问题严重影响了武器装备的效能。在第二次世界大战期间,美国60%的机载电子设备运到远东后不能使用,50%的电子设备在储存期间失效,其主要原因是电子管的可靠性太差。1943年,美国成立电子管研究委员会专门研究电子管的可靠性问题。20世纪50年代是可靠性兴起和形成的时期。1952年,美国国防部成立了由军方、工业部门和学术界组成的电子设备可靠性咨询组(AGREE),并于1957年发表了《军用电子设备可靠性》的研究报告。该报告全面阐述了可靠性设计、试验及管理的程序和方法,确定了美国可靠性工程发展的方向,并首次把可靠性定义为"在规定的时间和给定的条件下,无故障完成规定功能的概率",因而成为可靠性发展的奠基性文件。20世纪70年代是可靠性工程全面发展的阶段,也是武器系统研制全面贯彻可靠性大纲的年代,可靠性工程得到迅速发展,并形成了一套较完善的可靠性设计、试验和管理标准。20世纪80年代是可靠性发展步入成熟的阶段。这一阶段,美国国防部建立了集中统一的可靠性管理机构,负责组织、协调国防部范围内的可靠性政策、标准、手册和重大研究课题。21世纪以来,可靠性工程向着更深、更广的方向发展,把可靠性作为提高武器装备战斗力的重要工具,使可靠性置于与武器装备性能、费用和进度同等重要的地位。在管理上,强调集中统一和可靠性及维修性管理的制度化。在技术上,深入开展软件可靠性、机械可靠性以及光电器件可靠性和微电子器件可靠性等研究,积极采用模块化、综合化、容错设计、光导纤维和超大规模集成电路等新技术来全面提高现代武器系统的可靠性。

2.1.1　可靠性定义和分类

2.1.1.1　可靠性的定义

从工程的角度来看,可靠性可直观定义为产品无故障完成任务的能力。我国国军标GJB 451B—2021《装备通用质量特性术语》将可靠性定义为:产品在规定的条件下和规定时间内,完成规定功能的能力。这里的产品,是指作为单独研究或分别试验的对象的任何元器件、设备及系统。

在可靠性定义中,"规定条件"是指产品完成规定功能的约束条件,即包括产品使用时的环境条件和工作条件等,如温度、湿度、振动和辐射等环境条件,储存时的储存条件,使用时的应力条件、维护方法及对操作人员的技术等级要求等。"规定时间"是指系统规定了的有效使用时限,是可靠性的核心,是可靠性度量的依据。随着系统任务时间的增加,系统出现故障的概率将增加,而系统的可靠性则是下降的。因此,谈论系统的可靠性离不开规定的任务时间。不同类型的系统对应的时间单位可能不同。例如,火箭发射装置,其可靠性对应的时间以秒计;海底通信电缆则以年计。此外,时间单位不仅可以是年、月、日、时、分、秒,也可以是工作次数(如继电器)、循环次数(如发动机)、行驶里程(如车辆)等。"规定功能"是指产品应具备技术指标及其发挥的程度。这里的技术指标是指在产品技术文件中规定的性能指标。各个产品在系统中承担着不同的任务,有着不同的功能。产品完成了规定的功能要求,就是可靠的,否则就是不可靠的。在分析评价产品的可靠性时,必须明确要求产品完成的规定功能是什么,只有规定了清晰的功能及性能界限,才能给出明确的系统故障判据。

2.1.1.2　可靠性的分类

可靠性与使用条件有很大的关系,不同的使用条件,装备的可靠性不同。从应用的角度出发,可以把可靠性分为固有可靠性和使用可靠性。从设计的角度上讲,可靠性分为基本可靠性和任务可靠性。

(1)固有可靠性。我国国军标 GJB 451B—2021《装备通用质量特性术语》把固有可靠性定义为:设计和制造赋予的,并在理想的使用和保障条件下产品所具有的可靠性。固有可靠性可仅考虑承制方在设计和生产中能控制的故障事件与不可靠性因素,用于衡量产品的设计和制造的可靠性水平,是装备在设计、制造过程中所赋予的一种内在属性。具体装备的设计、工艺确定后,其固有可靠性是固定不变的。

(2)使用可靠性。我国国军标 GJB 451B—2021《装备通用质量特性术语》把使用可靠性定义为:产品在实际的环境中使用时所呈现的可靠性,它反映产品设计、制造、安装、使用、维修、环境等因素的综合影响。使用可靠性用于描述产品在计划的环境中使用的可靠性水平。从装备任务需求出发考虑其保障性要求时,提出的可靠性指标均是使用可靠性值。由于装备设计时不可能考虑到所有使用中的情况,使用中环境和保障条件较差等,都将影响到装备固有可靠性的发挥,从而使装备使用可靠性的量值低于其固有可靠性量值。

(3)基本可靠性。基本可靠性是指产品在规定的条件下、规定的时间内,无故障工作的能力。基本可靠性反映产品对维修资源的要求,是衡量产品对保障系统无要求的工作能力。在确定其特征量时,应统计产品所有寿命单位和所有故障,而不局限于发生在任务期间的故障或只危及任务成功的故障,通常用平均故障间隔时间(MTBF)来度量。

(4)任务可靠性。任务可靠性是指产品在规定的任务剖面内完成规定功能的能力。这里的任务剖面是指产品在完成规定任务这段时间内所经历的事件和环境的时序描述。任务可靠性仅考虑造成任务失败的故障影响,即只统计任务期间危及任务成功的故障。常用任务可靠度(MR)来反映产品完成任务的能力。

2.1.2　可靠性定性要求

可靠性定性要求包括两方面的内容。一方面是指在系统设计和研制过程中要求采取的可靠性设计措施,以保证提高系统可靠性。这些要求都是概要性的设计措施,在具体实施时,需要根据系统的实际情况进行细化。另一方面是定量指标的补充,有些无法用定量指标反映出的要求就用定性描述,如表 2-1 所列。

表 2-1　可靠性定性要求

序号	要求项目名称	目的
1	简化设计	减少系统的复杂性,提高其基本可靠性
2	余度设计	用多于一种途径来完成规定的功能,以提高系统的任务可靠性
3	降额设计	降低元器件、零部件的故障率,提高系统的基本可靠性、任务可靠性和安全性
4	制定和实施元器件大纲	对电子元器件、机械零部件进行控制和管理,提高系统可靠性,降低保障费用
5	确定关键件和重要件	把有限的资源用于提高关键系统的可靠性
6	环境防护设计	选择能抵消环境作用或影响的设计方案和材料,或提出一些能改变环境的方案,或把环境应力控制在可接受的极限范围内
7	热设计	通过元器件选择、电路设计、结构设计、布局来减少温度对系统可靠性的影响,使系统能在较宽的温度范围内可靠地工作
8	软件可靠性设计	通过采用编程法、恢复块法和贯彻执行软件工程规范等来提高软件的可靠性
9	包装、装卸、运输、储存等设计	通过对系统在包装、装卸、运输、储存期间性能变化情况的分析,确定应采取的保护措施,从而提高其可靠性
10	人机工程设计	将人和机器看成一个系统,共同完成一个规定的任务,减少使用中人的差错,发挥人和机器各自的特点,以提高系统的可靠性和使用效能
11	电磁兼容设计	设备或系统在电磁环境中能正常工作且不对该环境中任何事物构成不能承受的电磁干扰的能力
12	稳定性/防变异设计	通过分析元器件和材料参数劣化对系统性能参数的影响,采取参数变化控制和容差分析等技术使产品在寿命周期内达到最佳的稳定性
13	新技术采用	为了保证所研制系统的继承性,谨慎采用新技术,降低研制风险
14	安装设计	包括系统及连接件(管道或电缆)的安装位置和间隙要求,产品与产品之间的相容性设计要求等
15	安全防护设计	避免发生造成人员伤亡、职业病、设备损坏或财产损失的意外事件,降低系统风险

除了表 2-1 中这些设计措施以外,可靠性定性要求还包括那些无法用定量指标来描述的要求,这些要求主要取决于订购方(或使用方)对系统的要求。

2.1.3　可靠性的度量

可靠性的基本工作是和故障作斗争,可靠性研究也是从产品本身的故障入手的,由于故障的发生具有随机性,因此,可靠性的量化常用概率或随机变量来描述。常用的度量指标有可靠度函数、故障分布函数、故障分布密度函数、故障率函数、可靠性参数等。

2.1.3.1 可靠度函数

产品在规定的条件下和规定的时间内,完成规定功能的概率称为可靠度函数,简称可靠度。设规定的时间为 t,产品在规定条件下的寿命为 T,则可靠度函数就是产品在规定条件下产品寿命大于规定时间 t 的概率。其计算公式为

$$R(t) = P(T > t) \qquad (2-1)$$

式中: $R(t)$ 为可靠度函数; T 为系统故障前的工作时间; t 为规定的时间。

由可靠性定义可知,这个概率值越大,表明产品在时间 t 内完成规定功能的能力越强,产品可靠性越高。

依据数理统计知识,当统计的同类产品数量较大时,概率可以用频率近似估计。假如 $t=0$ 时刻有 N 件产品开始工作,到 t 时刻有 $r(t)$ 个产品发生故障,则可靠度可用以下公式近似计算:

$$R(t) = \frac{N - r(t)}{N} \qquad (2-2)$$

2.1.3.2 故障分布函数

产品在规定的条件下和规定的时间 Δt 内,丧失规定功能(即发生故障)的概率,称为产品的故障分布函数,通常用 $F(t)$ 来表示。设产品规定条件下的寿命为 T,规定的时间为 t,则故障分布函数就是产品在规定条件下产品寿命不超过规定时间 t 的概率,或者产品在 t 时刻前发生故障的概率。

$$F(t) = P(T \leqslant t) \qquad (2-3)$$

由式(2-1)和式(2-3)可知, $F(t) + R(t) = 1$。

2.1.3.3 故障分布密度函数

在规定条件下使用的产品,在 t 时刻后一个单位时间内发生故障的概率称为产品在 t 时刻的故障分布密度函数,记为 $f(t)$。计算公式为

$$f(t) = \lim_{\Delta t \to 0} \frac{P(t < T \leqslant t + \Delta t)}{\Delta t}$$
$$= \lim_{\Delta t \to 0} \frac{F(t + \Delta t) - F(t)}{\Delta t} = F'(t) \qquad (2-4)$$

式中: $P\{t < T \leqslant t + \Delta t\}$ 表示产品在时间段 $(t, t + \Delta t)$ 发生故障的概率。

2.1.3.4 故障率函数

如果产品在 t 时刻正常工作,在其后的 $t + \Delta t$ 的单位时间内发生故障的条件概率,称为产品在 t 时刻的故障率,记为 $\lambda(t)$。计算公式为

$$\lambda(t) = \lim_{\Delta t \to 0} \frac{P(t < T \leqslant t + \Delta t \mid T > t)}{\Delta t}$$
$$= \lim_{\Delta t \to 0} \frac{P(t < T \leqslant t + \Delta t)}{P(T > t)} \cdot \frac{1}{\Delta t}$$
$$= \lim_{\Delta t \to 0} \frac{F(t + \Delta t) - F(t)}{P(T > t)} \cdot \frac{1}{\Delta t}$$
$$= \frac{f(t)}{R(t)} \qquad (2-5)$$

故障率是航空装备的一个重要参数,故障率越小,其可靠性越高;反之,可靠性越差。电子元件就是按故障率大小来评价其质量等级的。

2.1.3.5　可靠性参数

可靠性参数是描述系统可靠性的度量,它直接与战备完好性、任务成功、维修人力和保障资源有关。根据应用场合不同,可分为使用可靠性参数和合同可靠性参数两类。使用可靠性参数主要反映装备使用需求的参数,而合同可靠性参数是在合同或研制任务书中用以表述定购方对装备可靠性要求的,并且是承制方在研制与生产过程中能够控制的参数。对于可靠性的度量,除了 $R(t)$ 与 $\lambda(t)$ 等参数以外,还有一些其他的参数,如平均寿命、平均拆卸间隔时间、平均严重故障间隔时间等。

（1）平均寿命。平均寿命是指产品寿命的平均值或数学期望,记为 θ。寿命度量单位可以是飞行小时、起落次数等。设产品的故障分布密度函数为 $f(t)$,则该产品的平均寿命,即寿命 T 的数学期望为

$$\theta = \int_0^\infty tf(t)\,\mathrm{d}t \tag{2-6}$$

产品根据其是否可修复来划分,可分为可修复性产品和不可修复性产品两类。可修复性产品的平均寿命称为平均故障间隔时间,记为 MTBF;不可修复性产品的平均寿命称为平均故障前时间,记为 MTTF。

（2）使用寿命。使用寿命是指产品使用到无论从技术上还是经济上都不宜再使用,而必须大修或报废时的寿命单位数,如工作小时、起落次数等。

（3）储存寿命。储存寿命是指产品在规定的条件下能够满足规定要求的储存期限。

（4）首次大修期限。首次大修期限是指在规定的条件下,产品从开始使用到首次大修的寿命单位数,也称为首次翻修期限。

（5）大修间隔期。大修间隔期是指在规定的条件下,产品两次相继大修间的寿命单位数。

（6）平均拆卸间隔时间(MTBR)。平均拆卸间隔时间是指在规定的条件和规定的时间内,产品寿命单位总数与从该产品上拆下其组成部分的总次数之比。它是一个与保障资源有关的可靠性参数,其中不包括为便于其他维修活动或改进产品而进行的拆卸。

（7）平均严重故障间隔时间(MTBCF)。平均严重故障间隔时间是指在规定的一系列任务剖面中,产品任务总时间与严重故障总数之比。这是一个与装备任务有关的可靠性参数:对于不同的武器装备也能采用不同的任务时间单位表达,例如,对于飞机,可采用严重故障间隔的飞行小时数,对于起落架,可采用严重故障间隔的飞行起落等。

2.1.4　系统可靠性

在确定了单个元(部)件的可靠性之后,如何根据系统的组合结构及运转方式进行系统的可靠性分析,这是一个复杂的问题。在系统的可靠性分析中,常根据系统元素的组织方式的不同,建立不同的可靠性模型。

典型的可靠性模型分为储备与非储备两种,有储备可靠性模型按储备单元是否与工作单元同时工作而分为工作储备模型与非工作储备模型。典型的可靠性模型分类如图 2-1 所示。

图 2-1　可靠性模型分类

2.1.4.1　串联系统的可靠性

在系统的所有组成单元中,任一单元的故障都会导致整个系统故障的系统称为串联系统。这种组合模型也称为串联模型,是最常用和最简单的模型之一。其可靠性框图如图 2-2 所示。

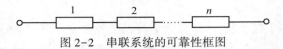

图 2-2　串联系统的可靠性框图

若初始时刻时,所有单元都是新的,互相独立且同时工作。由 n 个单元组成的串联系统的基本可靠性和任务可靠性数学模型同为

$$R_s(t) = \prod_{i=1}^{n} R_i(t) \tag{2-7}$$

式中:$R_s(t)$ 为系统的可靠度;$R_i(t)$ 为第 i 个单元的可靠度。

由式(2-7)可知,串联系统的可靠度是系统中所有元件可靠度的乘积。随着串联元件的增加,系统可靠度降低。因此,要保证串联系统的可靠度达到一定的要求,除了使用高可靠性的元件外,应减少系统串联元件的数目。

2.1.4.2　并联系统的可靠性

当且仅当组成系统的所有元件都发生故障时,系统才发生故障,或者说,只要有一个元件未失效,则系统就可靠,这样的系统称为并联系统。并联系统的可靠性框图如图 2-3 所示。

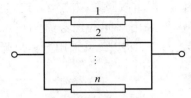

图 2-3　并联系统的可靠性框图

若初始时刻时,所有单元都是新的,互相独立且同时工作,则由 n 个单元组成的并联系统的可靠性数学模型为

$$R_s(t) = 1 - \prod_{i=1}^{n} \left[1 - R_i(t)\right] \tag{2-8}$$

式中:$R_s(t)$ 为系统的可靠度;$R_i(t)$ 为第 i 个单元的可靠度。

由式(2-8)可知,并联系统的可靠度随着并联元件的增加,系统可靠度增加。因此,在航空装备可靠性设计中,应尽可能采用并联技术以提高某一系统的可靠度。

2.1.4.3　旁联系统的可靠性

组成系统的 n 个单元只有一个单元工作,当工作单元故障时,通过转换装置转接到另一个单元继续工作,直到所有单元都故障时系统才故障,这样的系统称为非工作储备系统,又称为旁联系统。

旁联系统的可靠性框图如图 2-4 所示。

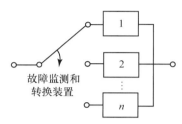

图 2-4　旁联系统的可靠性框图

假设各单元相同,寿命均服从指数分布,且监测转换装置的可靠度为 1,则其可靠度数学模型为

$$R_s(t) = \sum_{i=0}^{n-1} \frac{(\lambda t)^i}{i!} e^{-\lambda t} \qquad (2-9)$$

式中:$R_s(t)$ 为系统的可靠度;λ 为单元的故障率。

2.1.5　航空装备可靠性管理

众所周知,装备固有可靠性是由设计决定的。装备投入生产,刚开始其可靠性一般会有所降低,但随着生产的进展、工艺过程的改进和生产经验的积累,可靠性将会增长。装备出厂经过运输、储存后进入现场使用,其使用可靠性通常将再次降低。随着使用时间的推移及使用维护人员对装备越来越熟悉、使用维护经验的积累,使用可靠性将有所增长。因此,航空装备可靠性的系统管理主要包括研制生产与使用两阶段的可靠性管理,而针对研制生产过程与使用过程中装备可靠性降低的原因不同,各阶段采用的管理方法也不相同。

2.1.5.1　研制生产过程的可靠性管理

故障统计资料表明,装备故障中有 20% 左右是由于生产的原因造成的。针对这些原因,在生产中可采取的保证可靠性的管理方法主要包括以下几点。

(1) 加强生产过程中的质量控制,制定严格的质量控制要求、检验和测试程序以及数据的收集、报告和纠正的要求等。

(2) 根据产品的特点,制定生产过程中不同工序间必需的筛选试验程序,以便发现可靠性缺陷,加速潜在故障的暴露。

(3) 优化工艺设计及生产技术、生产设备、严格操作规程。

(4) 加强生产人员的培训,提高其技术水平,创造优良的生产条件。

(5) 选择高质量的货源,加强进场入库前的检验工作。

(6) 建立有效的故障报告、分析和纠正措施系统。发现问题及时报告并采取改正措施,使装备的固有可靠性得以保持。

2.1.5.2 使用过程的可靠性管理

使用过程中,为了保持和恢复装备的可靠性,一般要针对导致使用可靠性下降的原因制定相应的措施。例如,加强对使用维修人员的教育、培训,提高其责任心和技术水平;按期实施更换具有耗损特性的装备;制定严格、合理的使用维护规程,加强必要的维护检查等。

使用过程中,另一项重要的可靠性管理工作是建立可靠性信息系统和数据库。主要用途有:跟踪装备在外场的可靠性状况;对出现的故障或问题进行分析,对改进装备可靠性提供依据;评价改进措施的有效性;验证装备设计、生产过程中所采取的可靠性措施的正确性和合理性,环境应力筛选和可靠性增长试验的效果以及内场可靠性鉴定试验的正确性。

2.2 维修性基础

20 世纪 50 年代,随着军用电子设备复杂性的提高,武器装备的维修工作量逐渐增大、费用逐步提高,美国国防部每年要花费约 90 亿美元用于各种武器装备的维修,占国防预算的 25%。因此,维修性问题引起了美国军方的重视。美国罗姆航空发展中心及航空医学研究所等部门开展了维修性设计研究,提出了设置电子设备维修检查窗口、测试点、显示及控制器等措施,从设计上改进了电子设备的维修性,并出版了有关的报告和手册,为以后的维修性标准制定打下了基础。1966 年,美国国防部先后颁发了《维修性大纲要求》《维修性验证、演示和评估》和《维修性预计》3 个维修性文件。这 3 个文件的颁发和实施标志着维修性已成为一门独立的学科,与可靠性并驾齐驱。20 世纪末,随着半导体集成电路及数字技术的迅速发展,军用电子设备的设计及维修任务产生了很大变化,设备自测试、机内测试、故障诊断的概念及重要性引起了设备设计师及维修性工程师的关注,设备维修的重点从过去的拆卸及更换转到故障检测和隔离上来。美国国防部先后颁布了《系统及设备维修性管理大纲》和《系统和设备测试性大纲》。为保证航空电子设备具有良好的维修性,必须把测试性作为重要参数在设计中加以考虑,并在设备的研制中进行试验及验证。美国国防部先后颁布了《系统及设备维修性管理大纲》和《系统和设备测试性大纲》,实施了综合维修和诊断系统计划,作为为解决新一代武器系统提高战备完好性、降低使用保障费用的主要技术途径。

2.2.1 维修性定义

我国国军标 GJB 451B—2021《装备通用质量特性术语》将维修性定义为:产品在规定的条件下和规定的时间内,按规定的程序和方法进行维修时,保持或恢复到其规定状态的能力。

维修性是产品的维修难易程度的质量特性,是产品设计赋予的固有属性。在维修性的定义中,"规定的条件"主要是指维修的机构和场所(如工厂或维修基地、专门的修理车间、修理所以及使用现场等)及相应的人员与设备、设施、工具、备件、技术资料等资源;"规定的时间"是指规定的维修时间;"规定的程序与方法"是指按技术文件规定采用的维修工作类型、步骤、方法;"规定的状态"是指维修的质量要求,也就是要求飞机的性能正常。达到不同的维修质量要求,其难易程度和要求的维修时间是不同的。

2.2.2　维修性定性要求

维修性定性要求是在系统设计之前就必须明确和确定的。航空装备的维修性定性要求是装备维修简便、迅速、经济。定性要求有两方面作用:一是实现定量指标的具体技术途径或措施,按照这些要求去设计以实现定量指标;二是定量指标的补充,即有些无法用定量指标反映出来的要求,只好定性描述。对不同的系统,维修性定性要求应当有所区别和侧重。

(1) 简化系统设计与维修。"简化"本来是产品设计的一般准则。系统构造复杂,带来使用、维修复杂,使得消耗的资源增加,维修费用增长,同时降低了系统的可用性。因此,简化系统设计、简化维修是最重要的维修性要求。该要求主要从简化功能、合并功能、减少元器件(零部件)的品种和数量、改善系统维修(检测)的可达性、系统与其维修工作协调设计等方面考虑。

(2) 具有良好的维修可达性。维修可达性,是指维修系统时,接近维修部位的难易程度。对航空装备进行维修时,如果能够迅速、方便地达到维修的部位并能操作自如,就说明此装备维修可达性好。显然,良好的可达性,既能够提高维修的效率、减少差错,又能降低维修工时和费用。实现装备可达性的主要措施包括两个方面:一是合理设置各部分的位置,并要有适当的维修空间,包括工具的使用空间;二是要提供便于观察、检测、维护和修理的通道。

(3) 提高标准化和互换性程度。标准化、互换性和通用化,是装备现代设计与制造的要求,对于装备的维修与保障尤其有意义。实现标准化有利于系统的设计和制造,有利于零部件的供应、储备和调剂,从而使系统的维修更为简便,特别是便于系统在使用过程中快速抢修中换件和拆拼修理。

(4) 具有完善的防差错措施和识别标记。系统在维修中,常常会发生漏装、错装或其他操作差错,轻则延误时间,影响使用,重则危及安全。因此应采取措施防止维修差错。主要从设计上采取措施,保证关键性的维修作业"错不了""不会错""不怕错",就是系统设计使维修作业不可能发生差错,如零件装错了就装不进,漏装、漏检或漏掉某个关键步骤就不能继续操作,发生差错立即被发现,从而从根本上消除这些人为差错的可能。"不会错",就是系统设计应保证按照一般习惯操作不会出错,如螺纹或类似连接向右转为紧,左旋为松。"不怕错",就是设计时采取种种容错技术,使某些安装差错、调整不当等不至于造成严重的事故。

除系统设计上采取措施防差错外,设置识别标志,也是防差错的辅助手段。识别标记,就是在维修的零部件、备品、专用工具、测试器材等上面做出识别记号,以便于区分辨认,防止混乱,避免因差错而发生事故,同时也可以提高功效。

(5) 保证维修安全。维修安全性是指能避免维修人员伤亡或系统损坏的一种设计特性。这里所说的安全是指维修活动的安全,它比使用时的安全更复杂,涉及的问题更多。维修安全与一般操作安全既有联系又有区别。因为维修中要启动、操作装备,要求维修安全则操作首先必须安全。但实际上操作安全并不一定能保证维修安全,这是因为维修的产品往往带有一定的故障且处于部分分解状态,有时还需要在这种状态下进行部分的运转或通电,以便诊断和排除故障。维修人员在这种情况下工作,应保证不会引起电击以及有害气体泄漏、燃烧、爆炸、碰伤或危害环境等事故。因此,维修安全性要求是系统设计中必须考虑的问题。

(6) 测试准确、快速、简便。系统测试是否准确、快速、简便,对维修有重大影响。特别是电子产品,在其维修时间中故障检测、隔离所用的时间常占到 $60\% \sim 90\%$。一旦把故障部位检查出来,通常换件就可以排除故障。因此,检测设备和检测方式的选择以及检测点的配置都是维修性应考虑的重要问题。

(7) 重视贵重件的可修复性。可修复性是当系统的零部件磨损、变形、损耗或其他形式失效后,可以对原件进行修复,使之恢复原有功能的特性。实践证明,贵重件的修复不仅可以节省维修资源和费用,而且对提高系统可用性有着重要的作用。

(8) 符合维修中人-机-环境工程要求。人-机-环境工程又称为人的因素工程,主要是研究如何达到人与机器有效结合及对环境的适应和人对机器的有效利用。维修的人-机-环境工程是研究在维修中人的各种因素,包括生理因素、心理因素及人体的几何尺寸与系统和环境的关系,从而较好地解决维修工作效率、质量和人员疲劳等方面的问题。

2.2.3　维修性的度量

由维修性的定义可知,维修性不同于可靠性,涉及人、环境等诸多不确定因素,所以人们一般从定性角度来描述它,但对于航空装备的维修性,仅有定性分析是不够的,还需要定量化,以便更好地确定装备维修性的优劣程度。

2.2.3.1　维修度函数

维修度是指可修复产品在规定的维修条件下和规定的时间内,按照规定的程序和方法,由故障状态恢复到能够完成规定状态的概率。一般用 $M(t)$ 来表示。

我们假设某产品发生故障后修复到完好状态的时间为 τ,规定的维修时间为 t,若 $t=0$ 时故障,则维修到 t 的维修度 $M(t)$ 为

$$M(t) = P(\tau \leq t) \qquad (2-10)$$

从式(2-10)可知,维修度是在一定条件下,所用的维修的时间 τ 小于或者等于规定维修时间 t 的概率,也就是说,产品从 $t=0$ 开始到某一个时刻 t,在这个时间段内完成维修的概率,是对时间的累积概率,具有分布函数的性质。

如果维修 N 件产品,设在 $t=0$ 时均处于故障状态,经维修后,在 t 时刻的累积修复数为 $N_r(t)$,则在 t 时刻的经验维修度为

$$M^*(t) = \frac{N_r(t)}{N} \qquad (2-11)$$

2.2.3.2　维修密度函数

维修密度函数是单位时间内产品预期被修复的概率,用符号 $m(t)$ 来表示。

设维修度函数 $M(t)$ 是连续函数,并且可微。$m(t)$ 的计算公式为

$$m(t) = \frac{\mathrm{d}M(t)}{\mathrm{d}t} = \lim_{\Delta t \to 0} \frac{M(t + \Delta t) - M(t)}{\Delta t} \qquad (2-12)$$

设需要维修的产品数为 N,在 Δt 时间间隔内产品故障恢复到完成规定状态的修复数

为 $\Delta N_r(t)$，在实际应用中，维修密度经验值为

$$m^*(t) = \frac{1}{N} \cdot \frac{\Delta N_r(t)}{\Delta t} \qquad (2-13)$$

维修密度函数表示单位时间内修复数量与送修总数的比值。

2.2.3.3　修复率

修复率是指发生故障的产品，经过时间段 t 的修理以后，还没有得到修复的产品在单位时间 $t+\Delta t$ 内得到修复的条件概率，用 $\mu(t)$ 来表示。计算公式为

$$\begin{aligned}
\mu(t) &= \lim_{\Delta t \to 0} \frac{P(t < \tau \leq t + \Delta t \mid \tau > t)}{\Delta t} \\
&= \lim_{\Delta t \to 0} \frac{1}{\Delta t} \frac{P(\tau \leq t + \Delta t) - P(\tau \leq t)}{P(\tau > t)} \\
&= \frac{m(t)}{1 - M(t)}
\end{aligned} \qquad (2-14)$$

修复率的经验值为

$$\mu^*(t) = \frac{\Delta N_r(t)}{[N - N_r(t)]\Delta t} \qquad (2-15)$$

2.2.3.4　维修性参数

维修性参数是度量维修性的尺度，必须反映对产品的使用需求，直接与装备的战备完好、任务成功、维修人力及保障资源有关，体现在对装备的预防性维修、修复性维修和战场损伤修复诸多方面。常用的维修性参数有以下几种。

（1）平均修复时间（MTTR）。平均修复时间是指在规定的条件下和规定的时间内，系统在任一规定的维修级别上，修复性维修总时间与该级别上被修复系统的总故障数之比，是装备维修性的一种基本参数。

（2）最大修复时间。最大修复时间是指装备达到规定维修度所需要的修复时间。规定的维修度一般为 0.95 或者 0.9，相应的最大维修时间记为 $t_{0.95}$ 或 $t_{0.9}$。

（3）平均预防性维修时间（MPMT）。平均预防性维修时间是指对装备进行预防性维修所用时间的平均值。其度量方法为：在规定的条件下和规定的时间内，装备在任一规定的维修级别上，预防性维修总时间与预防性维修总次数之比。

（4）维修工时率（MR）。维修工时率是指在规定的条件下和规定的时间内，装备直接维修工时总数与该装备寿命单位总数之比，是一种与人力有关的维修性参数。

（5）平均系统恢复时间（MTTRS）。平均系统恢复时间是指在规定的条件下和规定的时间内，由不能工作事件引起的系统修复性维修总时间（不包括离开系统的维修和卸下部件的修理时间）与不能工作事件总数之比。

（6）恢复功能用的任务时间（MTTRF）。在一个规定的任务剖面内，系统致命性故障的总维修时间与致命性故障总数之比。

（7）维修活动的平均直接维修工时。维修活动的平均直接维修工时是指在规定的条件下和规定的时间内，装备的直接维修工时总数与该装备预防性维修和修复性维修活动总数之比，这是一种与维修人力有关的维修性参数。

（8）测试性参数。主要有故障检测率、故障隔离率、虚警率、不能复现率和重测合

格率。

2.2.4　航空装备维修性管理

维修性管理是以现代化的科学管理手段,制定和实施维修大纲,组织和管理整个维修性活动,以保证用最低的费用实现装备的维修要求。具体的活动包括对要完成任务的描述、组织机构责任的明确划分、工作分解结构的建立、费用计划的安排和制定、所需程序和报告的复查等。

维修性管理的职能是对维修性活动的计划、组织、监督、控制和指导,其对象是装备寿命周期过程中与维修性有关的全部活动,重点是装备论证、设计和试验。由于他们与生产、使用、维修是相互依赖的统一体,任何一个环节的失误都会影响到全局。因此,维修性管理必须贯穿于全寿命过程,制定全面的维修性管理计划和组织措施,重点抓好关键部位和管理中的薄弱环节,提高维修性活动的有效性。

维修性管理的基本依据是维修性管理大纲,维修性管理大纲包括管理、设计和评价以及试验验证等几个方面。

(1)计划。根据维修性管理大纲的要求分析确定的管理目标,选择达到目标必须开展的维修性活动项目,确定每项活动的实施要求以及估计完成这些活动所需的资源及时间。

(2)组织。建立维修性管理机构,明确其职责、权限,以形成维修性活动的组织系统和工作序列,为完成计划确定的目标提供组织保证。完成人员培训和考核。

(3)监督。监督各项维修性工作按计划进行。

(4)控制。按照有关条例、标准、规范制定和建立必要的规章制度及规程;确定一系列检查、控制点,收集分析维修性信息,制定改进措施。

2.3　保障性基础

随着现代武器装备复杂性的增长,在20世纪80年代中期以前,服役的大型复杂武器装备都面临着使用保障费用高和战备完好性差两大难题。复杂武器装备的使用保障费用约占其寿命周期费用的60%,有的高达70%~80%。美国1987年武器装备的使用保障费用占国防预算的52%,英国皇家空军1985年的维修费用占军费预算的40%。直至20世纪80年代初,美、英等国的大部分现役战斗机的战备完好性都较低,能执行任务率一般为60%左右,严重影响部队的作战能力。为此,美国国防部在继续重视综合后勤保障要素综合开发的同时,突出了战备完好性与保障性要求,将战备完好性与保障性置于武器装备研制的最优先位置,并在1983年发布的新版本军用标准MIL-STD-1388-1A《后勤保障分析》中定义了保障性,指出防务系统的采办是以达到费用、进度、性能与保障性的最佳平衡为目标。到了20世纪末,综合后勤保障的理论和方法日趋成熟。1991年,美国国防部颁布指令DoDI 5000.2《国防采办管理政策和程序》,增加了"综合后勤保障"一章作为一个单独部分,将保障性定义为装备性能的一个组成部分,指出在性能指标中,必须包括可靠性、可用性和维修性之类的关键性的保障性要素,并对装备研制中如何开展综合后勤保障工作给出了明确的规定。

2.3.1　保障性定义

保障性是指装备的设计特性和计划的保障资源满足平时战备完好性与战时的使用强度要求的能力。保障性是系统的固有属性。它包括两方面的含义,即与产品保障有关的设计特性和保障资源的充足和适用程度。

1) 产品保障有关的设计特性

产品保障有关的设计特性是指在一定的保障条件下,与产品使用和维修保障有关的设计特性,如可靠性、维修性,以及使产品便于操作、检测、维修、装卸、运输、消耗品(油、水、气、弹)补给等的设计特性。这些特性是通过设计赋予装备的基本属性。

保障系统的规划与设计影响产品的保障性设计。例如,对维修级别、维修间隔期的考虑,监测与诊断方案的考虑,以及对保障人员数量与技术等级的考虑等,都会对产品保障性产生重大影响。产品保障性正是在一定的保障系统的规划和设计约束下,通过保障性分析和产品保障性设计赋予产品硬件和软件的。如果产品具有满足使用与维修要求的设计特性,就说明它是可保障的。

2) 计划的保障资源

计划的保障资源是指在一定的产品保障性条件下,为保证产品完成使用要求,所规划的人力和物力资源。

"一定的产品保障性"是指产品的保障性设计是一定的。保障系统的规划正是在一定的产品保障性设计约束下,规划满足使用要求的保障资源。保障资源的满足程度有两方面的含义:一是数量与品种上满足产品使用与维修要求;二是保障资源要与产品相互匹配。这两方面都是通过保障性分析和保障系统的设计来实现的。如果保障系统能够提供充足的、与产品匹配完善的资源,就说明产品是能保障的。

保障资源通常可以分为 8 类。

(1) 人员与技术等级。产品使用和维修所需人员,通常按照专业职务和技术等级分别考虑。

(2) 供应保障。产品使用与维修所需消耗品和备件等。

(3) 保障设备。产品使用与维修所需各种设备。如拆卸、安装与搬运设备、工具、计量与校准设备、试验设备、测试设备及监测与故障诊断设备、修理用工艺装置与切削加工和焊接设备。

(4) 技术资料。保障产品使用与维修所需要的工程图样、技术规范、技术手册、技术报告、计算机软件文档等。如备件清单、专用工具清单、测试设备要求等。

(5) 训练与训练保障。训练产品使用与维修人员(包括使用与维修操作人员、管理人员等)所需的训练计划、课程设置、训练方法、教材与训练设备等。

(6) 计算机资源保障。保障产品上嵌入式计算机系统的使用与维修所需的设施、软件以及人力等。

(7) 保障设施。产品使用、维修、训练和储存所需的永久和半永久性的构筑物及其上的有关设备,如备品仓库、维修车间、训练场地、船坞、码头及试验台架等不动产等。

(8) 包装、装卸、储存与运输。产品使用与维修所需的包装、装卸、储存与运输所需的环境、设备、设施等要求。

3）系统具有可保障的特性和能保障的特性才是具有完整保障性的系统

系统的保障性是产品保障性设计和保障系统设计综合作用的结果。如飞机牵引的保障可以分解为产品保障性设计和保障系统设计两个方面,产品的保障性体现在牵引接头的设计是否合理或者与其他部件的布局匹配与否,牵引车和牵引杆设计的是否合理就是保障系统设计的体现。

2.3.2 保障性定性要求

装备保障性要以确保战备完好性和战时使用要求来衡量。对一种新装备来说,就是要求能够尽快形成战斗力。这就是保障性所追求的主要目标。此外,保障费用也是保障性的重要反映。从这些目标出发,各种不同的装备可以提出具体的保障性定性要求。

保障性要求一般应包括以下内容。

（1）操作与维修人员的数量与技术水平的约束。装备操作与维修简单、方便、易于培训,操作与维修人员不需要过高的文化水平。

（2）操作与维修人员的训练保障要求。例如,培训教材与器材,尤其是复杂昂贵装备需提供的训练模拟器材。

（3）能源与供应品。装备使用与维修的能源(燃油、气、电)、原材料、油液及零备件要减少品种、规格和数量,并做到通用化、标准化。

（4）供应保障。要简化供应保障的设备、设施;能源与供应品的加注设备操作简便迅速。

（5）运行与运输方便。

（6）维修配套工具及设备尽量通用和简易。

（7）提供简明易懂的使用和维修技术文件。

（8）减少预防性维修。特别是基层级维修工作量及保障资源力求减少到最低限度。

（9）排除故障简便。

（10）检测诊断方便迅速。

合理地采用机内自动检测、机外自动检测、半自动或人工检测方式,尽量减少所需的专门设备与人力。此外,积极采用自保障也是很有效的。

2.3.3 保障性的度量

保障性是装备系统的综合特性,很难用单一参数来评价整个装备的保障性水平,某些保障资源参数也很难用简单的术语来表达。因此,通过对装备的使用与维修任务分析,考虑现有装备保障方面存在的缺陷以及保障费用等约束条件,可综合归纳为一系列保障性参数。这些参数可以分为保障性综合参数、保障性设计参数和保障资源参数3类。

2.3.3.1 保障性综合参数

保障性综合参数是根据装备保障性目标要求而提出的参数,它从总体上反映装备系统的保障性水平。保障性目标是平时和战时的使用要求,通常用战备完好性目标衡量。战备完好性参数有战备完好率、使用可用度等。

（1）战备完好率。战备完好率是指接到作战命令时,装备能够实施其作战计划的概率,用 p_{or} 来表示。它表示当要求装备投入作战时,装备能够执行任务的概率,与装备使用和维修情况有关。如果装备没有故障或者发生故障后能在执行任务之前修好,那么算是完好的装备,不影响任务的执行。所以装备完好率的计算公式为

$$p_{or} = R(t) + Q(t) \times p(t_m < t_d) \qquad (2-16)$$

式中:$R(t)$ 为在前一任务中没有故障的概率;$Q(t)$ 为前一任务中发生故障的概率;$p(t_m < t_d)$ 为系统维修的时间 t_m 小于到下一次任务开始需要时间的 t_d 概率。

(2) 使用可用度。使用可用度是指装备在任一随机时刻需要和开始执行任务时,处于可工作或可使用状态的概率,用 A_0 来表示,即

$$
\begin{aligned}
A_0 &= \frac{\text{工作时间}}{\text{工作时间} + \text{不能工作时间}} \\
&= \frac{\text{MTBF}}{\text{MTBF} + \text{MTTR} + \text{MLDT}}
\end{aligned}
\qquad (2-17)
$$

式中:MTBF 为平均故障间隔时间;MTTR 为平均维修时间;MLDT 为平均保障延误时间,是除 MTTR 以外所有为修复故障而等待的平均延误时间。

使用可用度较明显地体现了装备的战备完好性水平与装备的可靠性水平、维修性水平及规划的保障资源的满足与适用程度之间的关系。

(3) 任务成功度。任务成功度是任务成功性的概率度量,即装备在任务开始时处于可用状态的情况下,在规定的任务剖面中的任一随机时刻,能够使用且能完成规定功能的概率。

(4) 能执行任务率。能执行任务率是指装备在规定的时间内至少能够执行一项规定任务的时间与其由作战部队控制下的总时间之比。通常包括能执行全部任务率和能执行部分任务率两类。

2.3.3.2　保障性设计参数

保障性设计参数是与装备保障性设计有关的参数,主要包括可靠性、维修性、维修工时率、故障检测率、故障隔离率以及运输性要求(运输方式及限制)等。保障性设计参数和量值有时可以直接从保障性综合参数指标中分解得到。

2.3.3.3　保障性资源要素

保障资源参数根据装备的实际保障要求而定,通常包括人员数量与技术等级、保障设备和工具类型、数量与主要技术指标和利用率、备件种类和数量、订货和装运时间、补给时间和补给率、模拟与训练器材的类型与技术指标,以及设施类别与利用率等。

2.3.4　航空装备保障性管理

保障性工程(ILS)是一种系统工程管理活动,它贯穿装备寿命周期全过程,基于综合保障计划(ILSP)而展开。ILSP 是一份为实现新研装备保障性要求和综合保障目标而进行的各项工作的简明指南,集中反映了使用方对综合保障的基本观点与要求。

保障性工程的主要内容是装备的使用与维修保障。其中,使用保障是指为保证装备正确操作使用,以便能充分发挥其作战性能所进行的一系列工作,如装备使用前的检查、装备的操作技术以及装备的储存与运输等。维修保障是指为保持和恢复装备完好的技术状况所应进行的保障工作,如装备的计划与非计划修理、战场抢修以及器材供应等。

加强对航空装备保障性的系统管理,应通过综合保障工程活动,达到两个目标:一是

通过开展综合保障性研究和管理工作对装备设计施加影响,使装备设计得便于保障;二是通过综合保障工作达到系统协调,使装备使用方在获得主装备的同时,提供经济有效的保障资源,并建立相应的保障系统,使所使用的装备可以得到保障。为此应做好以下几个方面的工作。

(1) 尽早提出并不断完善综合保障计划。在装备的研制过程中,应制定一份详尽的综合保障计划,用于在装备系统的寿命周期对整个综合保障工作过程实施监督管理,保证装备及其保障系统两者互相匹配。一方面将保障要求及时纳入设计,一方面及时提供需要的保障系统。从装备论证开始,首先把订购方提出的装备使用要求,平时和战时的战备完好性目标、综合保障要素等装备综合保障要求作为开展综合保障工作的基础。承制方在与订购方充分商讨的基础上,从装备论证阶段起就草拟出综合保障计划,并随着装备研制的进展,不断对该计划加以细化、扩展和完善,并在进入生产阶段前,完成全部计划修订工作。必要时,还应根据装备使用与部署阶段实施保障的效果,再对计划作出局部变动,以便获得最佳保障效能。

(2) 落实保障资源研制费用。将保障资源的研制工作提前到与装备研制同步进行,实质上是赋予承制部门双重的研制任务。保障资源研制所需要的支持经费数目可观,必须给予相应的保证,在装备研制的同时,就投入其保障资源的研制经费,使装备与其保障资源的同步研制与规划能同步落到实处,从而建立起高效的保障系统,大大减少装备使用中的保障费用。

(3) 及时规划、配备综合保障人员。开展综合保障工程,人是决定因素。订购方和承制方都应着力培养综合保障工程人员,以便在装备研制过程中开展综合保障工作。承制方应根据研制项目的规模,及早规划、配备一定数量的综合保障人员。

(4) 在装备研制各阶段,反复进行保障性分析。保障性分析主要研究保障问题对装备设计的影响,从而确定保障资源。保障性分析按照装备结构的分解层次,从保障系统到保障资源逐渐深入;随着信息的逐渐准确与细化,分析也由粗到细,并与装备研制各阶段的进度相适应。通过迭代分析不断修正分析结果,确定所有重要的设计问题,并提出解决办法;及时发现保障方面的缺陷,并提出改善措施;优化装备和保障系统的设计与研制,以达到费用、进度、性能与保障性的最佳平衡。

(5) 同步进行保障资源规划与研制,并建立保障系统。保障资源包括物资资源(如保障设备、设施、备件等)、人力资源(如人员及其专业技术)和信息资源(如技术手册、计算机软件等),通过信息、资源将物资资源、人力资源与装备有机结合,通过保障性分析,明确装备保障要求,在充分考虑利用部队现有保障资源的前提下,同步进行装备和保障资源的研制,将装备设计成可保障的、便于保障的;将保障资源设计得经济而有效,并建立起符合作战使用要求的保障分系统。

小　结

本章阐述了可靠性、维修性和保障性的相关概念,介绍了可靠性、维修性保障性的定义、定性要求和度量等方面内容,并对航空装备可靠性管理、维修性管理、保障性管理作出简要介绍。

思 考 题

1. 什么是可靠性？有哪些定性、定量指标？
2. 什么是串联系统？什么是并联系统？各有哪些主要特点？
3. 什么是维修性？比较维修性与可靠性之间的异同。
4. 航空装备维修性的定性要求主要有哪些？试举例说明。
5. 结合实践,说明可靠性、维修性、保障性对航空装备作战使用的影响。

第3章 航空维修理论

理论是行动的先导,任何一种复杂的活动都需要合适的理论来指导,航空维修更是如此。在长期维修实践中,随着装备发展,人们对航空维修的认识逐步深入,在总结维修经验的基础上,积极探索与装备发展相适应的维修规律,创新维修理论。维修理论是研究装备维修本质和规律的理论,它建立在概率统计、可靠性工程、系统工程、工程技术经济、断裂力学、故障物理、故障诊断和现代管理科学等基础上,是一门综合性工程技术应用理论。

3.1 预防性维修理论

随着航空装备的发展,航空维修理论也不断发展。第二次世界大战以前的维修主要是事后维修。事后维修属于非计划性维修,它以机械设备出现功能性故障为基础,有了故障才去维修,即"不坏不修,坏了才修",这种思想和当时设备发展水平相适应。首先,当时工业机械化程度不高,停机时间对生产的影响不大,预防设备的故障并非头等大事。其次,由于早期设备简单,凭眼睛看、耳朵听、手摸基本可以直观判断设备有没有故障,而且排除故障可以通过师傅向徒弟传授经验的方法来进行。因此,当时的维修基本上属于一门操作技艺,没有对维修进行系统的研究,也没有系统的维修理论做指导。

随着科学技术的进步和生产的发展,出现了流水线作业。这种情况下,如果某一个工序发生故障,那么就可能造成生产线的全线停工。为了使生产不中断,1925 年,美国首先实行预防性的定时维修,即事先计划好在某个时间段对设备进行全面检修。这种定时维修方式可以降低故障或者事故的发生,减少停机带来的损失,提高生产效益,其效果明显比对设备"不坏不修,坏了才修"的事后维修好。在航空业,由于飞机系统的日益复杂,事后维修的非计划性和被动性的特征弊端日渐突出,开始难以满足设备正常使用的需要,人们慢慢意识到预防故障的重要性。

第二次世界大战期间,情况发生了明显变化。战争带来的压力增加了对各种物品的需求,产业劳动力的锐减导致了机械化程度的提高。到了 20 世纪 50 年代,设备机械化程度日益提高,停机时间越来越成为突出的问题,这使人们想到可能并且应该预防设备故障,进而形成了预防性维修的概念。20 世纪 60 年代,预防性维修主要表现为定期对设备进行大修。

预防性维修是一种以定期全面检修为主的维修思想,它基于这样一种观念:设备机件工作会磨损,磨损会引起故障,有故障就存在不安全性,所以每个机件的可靠性和使用时间都有直接的关系,都可以找到一个在使用过程中不能超越的寿命。机件到寿以后就必须进行拆修,而且认为拆修越彻底,分解得越细,防止故障的效果就越好,定时维修工作做得越多,装备越安全。这种维修观念认为:对于大部分有耗损特性的机械件而言,故障是时间的函数,其故障率曲线呈现两头高、中间低的形态。1959 年,该故障率曲线被正式命名为浴盆曲线,是经典的故障宏观规律。

由图 3-1 可以看出,设备故障率随时间的变化可划分为 3 个阶段:早期故障期、偶然故障期(又称为随机故障期)和耗损故障期。

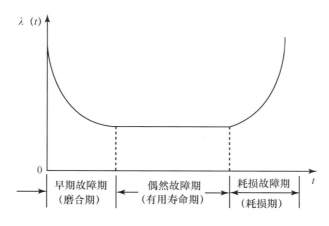

图 3-1　浴盆曲线

（1）早期故障期。早期故障期出现在设备使用的早期,其特点是故障率较高,且故障率随时间的增加而迅速下降。早期故障期出现故障通常是由于设计、制造上的缺陷等原因引起的。例如,使用材料质量不佳、装配不当、焊接不良、质量检验不认真等造成的。

（2）偶然故障期。早期故障期之后是偶然故障期,也就是设备的有用寿命期,称为偶然故障期。其特点是故障率低且稳定,近似为常数。偶然故障期出现故障是由偶然因素引起的,如应力突然超过极限值、维护不良、操作错误及环境因素等所造成的。

（3）耗损故障期。耗损故障期出现在设备有用寿命的末期,其特点是故障率随时间的增加而迅速上升。耗损故障期出现故障往往是由于设备内部的物理变化、化学变化或生物变化所引起的磨损、疲劳、腐蚀、老化、阻抗增大、阴极电子放射减弱等原因造成的。

为了保证设备的安全性和可靠性,设备维修的最佳时间应是在设备故障率大幅度上升前,也就是即将进入耗损故障期的时刻,以便"防患于未然",把故障消灭在萌芽状态,减少因意外故障导致停机造成的损失。

预防性维修理论在应用上派生了以下两大体系。

一种预防性维修理论是以苏联为首的计划预修体制。它以摩擦学与摩擦理论为基础。特点是通过计划对设备进行周期性的维修,优点是可减少非计划(故障)停机,将故障消灭在萌芽状态。但是由于计划固定,较少考虑设备的实际使用、负荷情况,容易产生维修过剩或维修不足。我国早期的维修制度就是由苏联引进的计划预修制,进行了大量的预防性维修工作,有力保障了作战训练各项任务的顺利完成。但与此同时产生的维修过度和维修不足问题不仅影响了航空装备的出勤率,加大了资源消耗,而且故障未见减少,甚至危及飞行安全。

另一种预防性维修理论是以美国为首的预防维修体制。它以摩擦学、诊断理论为依据,是一种通过周期性的检查、分析来制定维修计划的管理方法,其优点是减少故障停机,检查后制定的计划可以减少维修的盲目性。由于受检查手段和人员经验的制约,仍可能使计划不准确,造成维修过剩或不足。

预防性维修和事后维修相比具有较大的优点,但随着装备的发展,在这种维修理论的指导下,出现了"过剩维修"问题,继而引起"维修费用上升、出勤率下降,而安全得不到有效改进"。于是,人们积极开展维修理论创新,诞生了以可靠性为中心的维修理论。

3.2 以可靠性为中心的维修理论

3.2.1 以可靠性为中心的维修理论的产生

1960 年,美国联合航空公司针对过剩维修提出了"我们懂得飞机维修的基本理论吗?"和"我们懂得为什么要做所做的事吗?"两个问题。随后,美国联邦航空局与联合航空公司组成维修指导小组(Maintenance Steering Group,MSG)开始来研究这两个问题。

1961 年 11 月颁布了《联邦航空局/航空工业可靠性大纲》(FAA / Industry Reliability Program)。该大纲指出:"过去人们过分强调控制拆修间隔期以达到满意的可靠性水平,然而经过深入研究后深信,可靠性和拆修间隔期的控制并无必然的直接联系。"联合航空公司的赫西和托马斯在研究报告中陈述:"根据联合航空公司对多种机件使用经验的分析,其结果差不多总是和浴盆曲线的简单图形相矛盾。耗损特性往往不存在。""在一开始通过为新型飞机机件预定的翻修时限来表示的有用寿命,往往和以后的实际使用经验有很大差别。"他们对发动机附件、电子、液压、空气调节 4 个系统的研究结果表明:"这些机件显示了早期故障后,接着出现均衡的故障率,但并未出现耗损。"遵循的是复杂装备无耗损故障规律。定时翻修大多数设备对控制可靠性毫无作用,即不存在一个"正确"的翻修时限。其结论是:"固执地遵守翻修时限概念将引起机件的早期故障增加,在一个机件翻修之后的一个短时间内不能有效防止故障的发生,从而使本来有较高翻修时限的某些设备不能充分发挥其使用潜力,并妨碍对机件在较长的总使用时间情况下进行可靠性的探索。如果一个机件无耗损,就应该留在飞机上,直到快要发生故障才更换。"这是对传统预防性定时维修观念的巨大挑战。

1961 年 11 月开始对航空发动机进行改革试验,1963 年 2 月又在 DC-8 飞机和 B-720 飞机上进行试验。发现尽管翻修时限不断延长,但可靠性却未见下降。1964 年 12 月,联邦航空局发出 AC l20-17 通报,"允许使用单位在制定自己的维修控制上有最大的灵活性"。1965 年 1 月,联合航空公司按 AC 20-17 通报要求进行"涡轮喷气发动机可靠性大纲"试验,效果明显。1966 年,首次出现了"逻辑决断图"。

1968 年出现"MSG-1 手册:维修的鉴定与大纲的制定",首次提出定时维修、视情维修和状态监控 3 种维修方式,用于制定 B-747 飞机预防性大纲,这是以可靠性为中心的维修实际应用的第一次尝试,并获得了成功。例如,对该型飞机每飞行 2 万小时所做的结构大检查只需 6.6 万工时,而按照传统方法,对于一架小得多、不怎么复杂的 DC-8 飞机,进行相同的结构检查需要 400 万工时,相差 60 倍。

1970 年形成的"航空公司/制造公司的维修大纲制定书—MSG-2",用于制定道格拉斯 DC-10 飞机的初始维修大纲,结果很成功。在经济上的体现是,按传统的维修大纲,需要对 DC-8 飞机的 339 个机件进行定时拆修。基于 MSG-2 的 DC-10 飞机维修大纲中只有 7 个这样的机件需要定时拆修,甚至涡轮喷气发动机也不属于定时拆修的范围。不仅大大节省了劳动力,降低了器材备件的费用,而且使送厂拆修所需的备份发动机库存量减少了 50% 以上。这种费用的降低是在不降低可靠性的前提下达到的。1972 年,欧洲编写了一个类似的文件(EMSG-2,European MSG-2)作为空中客车 A-300 及协和式飞机的初始维修大纲的依据。1974 年,美国陆海空三军推广 MSG-2。1974 年,苏联民航飞机采用 3 种维修方式。

1978 年,美国联合航空公司诺兰等受国防部的委托发表了《以可靠性为中心的维修》,该书对故障的形成、故障的后果和预防性维修工作的作用进行了开拓性的分析,首次采用自上(系统)而下(部件)的方法分析故障的影响,严格区别安全性与经济性的界限,提出了多重故障的概念,用 4 种工作类型(定时拆修、定时报废、视情维修、隐患检测)替代 3 种维修方式(定时、视情、状态监控),重新建立逻辑决断图,使以可靠性为中心的维修理论又向前迈了一大步,从此人们把制定预防性维修大纲的逻辑决断分析方法统称为 RCM。1980 年西方民航界吸收了 RCM 法的优点,将"MSG-2"修改为"MSG-3",用于 B-757、B-767 型飞机。

1984 年,美国的 3 家核电厂应用 RCM,同时法国的核电厂也应用 RCM,效果良好。同年,美国国防部发布指令 DODD 4151.16《国防设备维修大纲》,规定三军贯彻 RCM。1985 年,美国空军颁布 MIL-STD-1843(USAF)《飞机、发动机及设备以可靠性为中心的维修和标准》。1986 年,美国海军颁布 MIL-STD-2173(AS)《海军飞机、武器系统和保障设备以可靠性为中心的维修要求》。

1990 年,在诺兰的指导下,英国阿兰德维修咨询有限公司的莫布雷结合民用设备的实际情况,提出了"RCM2"。近 20 年来为 40 多个国家的 1200 多家大中型企业成功地进行了以可靠性为中心维修的咨询、培训和推广应用工作,已在许多国家的钢铁、电力、铁路、汽车、海洋石油、核工业、建筑、供水、食品、造纸、卷烟及药品等行业广泛应用。

自从 20 世纪 60 年代美国民航界首先创立以可靠性为中心的维修理论以来,经历了怀疑、试验、肯定、推广的过程,几十年来在指导维修实践的过程中,RCM 不断得到完善和发展。

3.2.2 以可靠性为中心的维修理论的主要内容

RCM 本身有其严格定义。英国的维修理论研究专家约翰·莫布雷在所著的《RCMII》中把 RCM 定义为:"一种用于确定为确保任一设施在现行使用环境下保持实现其设计功能的状态所必须的活动的方法。"以可靠性为中心的维修既是一种维修思想、维修理念,也是一种方法论。

以可靠性为中心的维修理论认为:装备的可靠性是确定维修需求的依据,又是维修工作的归宿,维修工作必须围绕装备的可靠性需求来做,一切维修活动,归根到底是为了保持和恢复产品的固有可靠性。也就是根据产品的可靠性状况,以最少的维修资源消耗,运用逻辑决断分析法来确定所需的维修内容、维修类型、维修间隔期和维修级别,制定出预防性维修大纲,从而达到优化维修的目的。它更新了传统维修的观念,内容涉及以下 8 个方面。

1）辩证对待定时维修，发展多种维修方式

定时维修对复杂设备的故障预防几乎不起作用，但对简单设备的故障预防有作用。

传统维修观念：设备老，故障就多。设备故障的发生、发展都与使用时间有直接的关系。定时维修是对付故障的普遍适用的有力武器。

RCM 原理：设备老，故障不见得就多；设备新，故障不见得就少。设备故障与使用时间不一定有直接的关系。定时维修不是对付故障的普遍适用的有力武器。

传统定时维修观念认为，每个设备在使用中都有一个可以找到但不可超过的"正确"拆修寿命，到达这个寿命就必须停止使用，进行定时拆修，以便减少故障，保证使用的安全性；而且还认为，拆修间隔期的长短是控制故障的重要因素，拆修得越频繁、越彻底，故障发生的可能性就越小，进而认为这是对付故障普遍适用的有力武器。

RCM 原理则认为，并非所有的故障都与使用时间有着直接的关系。某些简单设备故障的发生、发展确实与使用时间存在着直接关系，其故障率遵循一定的规律，如浴盆曲线。具有金属疲劳、机械耗损的机件以及设计时作为消耗性的元器件的故障规律都符合浴盆曲线，应按照某一使用时间或应力循环数来规定使用寿命，这对预防故障是有用的，特别是规定安全寿命对控制危险性故障模式具有重要作用。然而，对大多数复杂装备而言，如飞机及其各分系统、设备等，它们遵循的是复杂装备无耗损规律，其故障率和使用时间与浴盆曲线并不相符。

美国联合航空公司在创立以可靠性为中心的维修理论过程中，统计分析了航空装备的故障率，发现共有 6 种基本形式的故障率曲线，如图 3-2 所示。图中纵坐标代表故障率，横坐标代表装备使用时间（新装备从开始使用或翻修出厂时算起）。

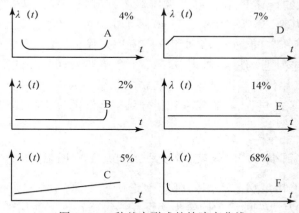

图 3-2　6 种基本形式的故障率曲线

从图中可以看出，A 型为经典的浴盆曲线，有明显的耗损期；B 型也有明显的耗损期。符合这两种形式的是各种零件或简单产品的故障，如轮胎、刹车片、活塞式发动机的汽缸、涡轮喷气发动机的压气机叶片和飞机的结构元件的故障。它们通常具有机械磨损、材料老化、金属疲劳等特点。C 型没有明确的耗损期，但是故障率也是随着使用时间的增加而增加的，涡轮喷气发动机的故障率曲线属于这一种形式。具有 A 型、B 型耗损特性的航空设备仅占全部设备的 6%，具有经典浴盆曲线（A 型）的仅占 4%，没有明确耗损期(C 型)的占 5%。A、B、C 3 种形式故障率的设备共占 11%,而 89%的设备则没有耗损期(D 型、E 型、F 型)。有一半以上的航空设备显示出有早期故障期,即刚安装以后的故障率往往相当高,随后趋向平稳,如图中的 A 型和 F 型。只有 11%的设备可以考虑规定使用寿命或拆修间隔期,而 89%的设备则没有必要这样规定,即不需要进行定时维修。

复杂装备无耗损这一规律的总结和应用,在某种程度上已经动摇了浴盆曲线的根本。但是它并没有否定浴盆曲线对于简单装备和具有支配性故障模式的复杂装备的适用性。因此,从航空维修发展的角度来看,复杂装备无耗损规律又可以看作是浴盆曲线的发展和完善,是航空维修发展的必然结果。

以上 6 种故障率曲线,不仅适用于航空装备,也适用于其他设备。航天设备统计资料表明,图 3-2 中 A 型~型故障率曲线的比例分别为 3%、1%、4%、11%、15%、66%。我国空军、海军、装甲兵、通信兵的一些统计资料表明,许多装备没有明显的耗损故障期。

通过复杂装备无耗损规律可以得出:装备老,故障不见得就多;装备新,故障不见得就少,故障不全是耗损造成的。许多故障的发生具有偶然性,故障的发生与使用时间的长短关系不大。对于大部分机件来说,可以不需要硬性规定使用寿命,定时维修对预防故障的作用甚微,相反还会增加早期故障期和人为差错。一些故障恰恰是因为预防故障所进行的维修工作造成的,结果增大了总的故障率。所以,定时维修不是对付故障的普遍适用的有力武器。

例如,波音 737 的 JT8D-7 发动机经过 58432h 的使用统计如表 3-1 所列。

表 3-1　JT8D-7 发动机使用统计数据

序号	规定定时维修寿命/h	故障率 $\lambda(t)/(1/h)$	可靠度 $R(t)$
1	1000	3.681×10^{-4}	0.692
2	2000	4.163×10^{-4}	0.420
3	3000	4.871×10^{-4}	0.179
4	不规定	5.522×10^{-4}	0.000

根据上述统计,经过计算所得分析如表 3-2 所列。

表 3-2　对规定拆修寿命利弊分析表

| 序号 | 规定维修寿命/h | 发动机平均使用寿命/h | 损失剩余寿命/h | 发动机每百万使用小时 | | | | 损失剩余寿命/h |
				维修总台数	维修故障台数	飞行安全是否允许	无故障维修台数	
1	1000	838	973	1193.3	368.1	否	825.2	802919.6
2	2000	1393	418	717.9	416.3	否	301.6	126068.8
3	3000	1685	126	593.5	487.1	否	106.4	13406.4
4	不规定	1811	0	552.2	552.2	否	0	0

由表 3-2 可以看出,规定 1000 h 维修,故障 368.1 台;不规定维修周期,故障 552.2台,仅增加 184.1 故障台。但规定 1000 h 拆修寿命,并未防止故障的出现,仍有 368.1 台故障,对保证飞行安全来说,同样是不可接受的。由于规定了拆修寿命,增加了 825.2 台

的拆修工作量,损失了802919.6 h寿命。显然,定时维修对减少故障无明显作用,却造成了大量的剩余寿命损失。

2）提出潜在故障概念,开展视情维修

提出潜在故障的概念,为开展视情维修提供了理论依据,可使设备在不发生功能故障的前提下得到充分利用,达到安全、经济的使用目的。

传统维修观念:无明确的潜在故障概念,少量视情维修往往根据故障频率或故障危险程度来确定。如果定时维修和视情维修二者在技术上都可行,则优先采用定时维修。

RCM原理:有明确的潜在故障概念,视情维修是根据潜在故障发展为功能故障的间隔时间来确定的。如果定时维修和视情维修二者在技术上都可行,则优先采用视情维修。

RCM采用视情维修的依据是多数机件的故障模式有一个发展的过程,不是瞬间突然出现的,在机件尚未丧失其功能之前有迹象或征兆可寻,可根据某些物理状态或工作参数的变化来判断其功能故障即将发生。如果在临近功能故障之前将其更换或修理,就可以防止功能故障的发生或避免功能故障的后果。

装备的机件、零部件、元器件的磨损、疲劳、腐蚀、老化、失调等故障模式大都存在由潜在故障发展到功能故障的过程,检测机件潜在故障的工作即为视情维修,其目的在于发现潜在故障,以便预防功能故障。这种工作是对机件状态的定量检测,通常要使用仪器设备,并要求有明确的潜在故障和功能故障的定量判据。图3-3给出了由潜在故障发展到功能故障的过程。

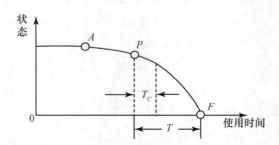

图3-3　潜在故障发展到功能故障的过程

图3-3中A为故障开始的发生点,P为能够检测到的潜在故障点,F为功能故障点,T为由潜在故障发展到功能故障的间隔期,T_C为视情维修检测的间隔期。由图可见,视情维修的检测间隔期T_C只有小于T时才有可能在功能故障发生前检测到潜在故障。一般T_C应为T的几分之一,在T内做几次检测,以防漏检。但检测过于频繁又会浪费资源,须综合权衡确定T_C。视情维修要求第一次检测间隔期要长到能发现恶化的某种实际迹象,而重复检测间隔期要短到能保证在功能故障出现之前检测到潜在故障。RCM理论提出的潜在故障概念,使机件或设备在潜在故障阶段得到更换或修理,因而可利用潜在故障来防止功能故障的出现,使机件在不发生功能故障的前提下得到充分利用,达到既安全又经济的使用目的。

传统维修直观认为:故障经常出现的就应该经常去检查,故障危险程度大的更应该多加检查,这种企图以多做维修工作来对付故障的做法导致了维修工作陷入盲目被动的局面。为了防止故障,应加强维修工作的针对性而不能采用加大维修工作量的简单方法。RCM 是根据潜在故障发展为功能故障的间隔 T 来确定视情检测间隔期 T_C 的,而且要求 $T_C<T$,以确保潜在故障能够检测出来,从而防止功能故障的出现。

传统维修观念夸大了定时维修的作用,误认为定时维修是对付故障最有效的武器;当定时维修和视情维修二者在技术上都可行时,优先采用定时维修。RCM 理论正好相反,不是定时维修优先,而是视情维修优先,因为采用视情维修,意味着每一个机件都能实现其几乎全部有用寿命,达到经济使用的目的,也意味着能用鉴别潜在故障的办法来防止功能故障的出现,达到安全使用的目的,并且能减少大量定时拆修的工作量。所以,当定时维修和视情维修二者在技术上都可行时,应该优先采用视情维修,把工作重点放在扩大视情维修上。

人们早就习惯用感官(如视觉、听觉、触觉、嗅觉)检测潜在故障,其优点是检测潜在故障的范围广泛,缺点是不够精确。在潜在故障的早期,由图 3-4 可知,大部分较小的偏差往往超出了人的感官范围。为了尽早准确地检测出潜在故障,需要借助各种仪器设备,如铁谱仪、滑油光谱仪、振动监测仪、无损探伤仪、发动机状态监控设备等。由于检测和诊断手段不同,同一故障模式在功能故障之前可能有几个潜在故障点。例如,考虑一个滚动轴承的磨损故障模式,其功能故障之前的几个潜在故障点如图 3-4 所示。

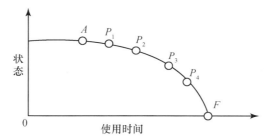

图 3-4　同一故障模式在功能故障前的不同潜在故障点

图 3-4 中,A 为故障开始发生点,P_1 为振动分析检测出的振动特性发生变化的潜在故障点,P_2 为油质分析检测出的潜在故障点,P_3 为噪声分析检测出的潜在故障点,P_4 为手摸发热的潜在故障点,F 为功能故障点。在出现功能故障之前,要尽量采用不同的手段检测出相应的潜在故障点,以达到避免出现功能故障的目的。

当设备的故障率不随使用时间而变化,或者随着使用时间的增加而降低时,实施定时维修是没有意义的。然而,故障发生的影响是不容忽视的,不采取一定的维修措施当然是不行的。如果能在故障发生之前,通过检测或状态监视,在设备运转过程中及时发现潜在故障,那么,使设备的故障率趋于零的理想预防性维修也是可能的,这主要取决于所采用的检测、诊断的手段和技术水平。

3)提出隐蔽功能故障与多重故障概念,控制故障风险概率

检查并排除隐蔽功能故障是预防多重故障严重后果的必要措施,可以控制故障发生的概率。

传统维修观念:无隐蔽功能故障概念,不了解隐蔽功能故障与多重故障的关系,并认为多重故障的严重后果是无法预防的,只有听天由命。

RCM 原理：有隐蔽功能故障概念，了解隐蔽功能故障与多重故障有着密切的关系，认识到多重故障的严重后果是有办法预防的，至少可以将多重故障概率降低到可以接受的水平，取决于对隐蔽功能故障的检测频率和更改设计。

如果隐蔽功能故障没有及时被发现和排除，就会造成多重故障，可能产生严重的后果。例如，火警探测系统和灭火系统的故障都是隐蔽功能故障，使用时，如果两者均发生故障并发生火灾，则后果是严重的。

随着设备现代化、自动化程度的提高及使用环境的变化，对设备安全性和可靠性的要求也更严格，为此，常采用一些保护装置来保障设备的正常运转，如各种备用系统、冗余构件、急救装置、消防装置、救生阀、应急备用发电装置等，而且采用这类保护装置的趋势还在继续增长。这类保护装置的功能是使得故障后果比未采用保护措施情况下的故障后果要轻。当被保护设备工作正常时，保护装置的隐蔽功能故障并没有直接的后果。因此，隐蔽功能故障常常容易被忽视，不注意检查，不能及时发现已存在的问题。但是，一旦被保护设备出现故障时，就会出现多重故障，甚至可能造成严重的后果。

需要付出多大的代价来检查和排除隐蔽功能故障取决于多重故障的后果。多重故障的严重后果的预防取决于对隐蔽功能的检测频率和对设计方案的更改，如更改设计、用明显功能代替隐蔽功能、并联一个甚至几个隐蔽功能等。

4）区分不同的故障后果，采取不同的对策

预防性维修能降低故障发生的频率，但不能改变故障的后果，装备故障有不同的后果，应采取不同的维修对策。故障后果的严重程度是确定要不要做预防性维修工作的出发点。

传统维修观念：预防性维修能避免故障的发生，能改变故障的后果。

RCM 原理：预防性维修难以避免故障的发生，不能改变故障的后果，只有通过设计才能改变故障的后果。

故障一旦发生，有的会造成装备毁坏，人员伤亡，或环境严重污染；有的只是更换故障件所花费的费用，影响不大，人们关心故障的实质是它所产生的后果。所以，预防故障不仅限于预防故障本身，更在于避免或降低故障的后果。要不要进行预防性维修工作，不是受某一种故障出现的频率所支配，而是由其故障后果的严重程度所支配。

1978 年，诺兰发表的 RCM 逻辑决断法将故障后果分为安全性（环境性）、隐蔽性、使用性和非使用性 4 种。

（1）安全性和环境性后果。如果故障引起人身伤亡或设备毁坏的事故，那么，它就有安全性后果；如果故障导致违反了国家环境保护的要求，那么，它就有环境性后果。

1984 年印度波帕尔化工厂发生的毒气泄漏事故，1986 年苏联的切尔诺贝利核事故，2011 年日本福岛的核泄漏事故等对环境的影响，使人们更加重视故障的环境性后果。当今世界，设备故障对环境保护的影响是企业能否生存的先决条件，严重的甚至会发展到不允许生产的地步。所以，对环境保护与安全生产应同等重视。

以可靠性为中心的维修总是在最保守的水平上评估安全性后果。事实上，一些对安全和环境有威胁的故障，不一定每次都有这样的后果。但是，问题不在于是否必然有这样的后果，而在于是否可能有这样的后果。如果没有确凿的证据证明故障对安全和环境没有影响，那么，就先暂定它对安全和环境有影响。

（2）隐蔽性后果。隐蔽性后果是指隐蔽功能故障所引起的多重故障所造成的后果。隐蔽功能故障本身对设备没有直接的后果,只能增大多重故障概率的间接后果,但多重故障一旦发生,往往具有安全性和环境性等严重后果。

（3）使用性后果。如果故障影响设备的使用能力或生产能力,那么,它就具有使用性后果。这种后果最终体现在经济性上,如延误航班所造成的经济损失加上修理费用。

（4）非使用性后果。如果故障不影响设备的安全、使用和环境保护要求,只涉及修复性维修(排除故障)费用,那么,它就具有非使用性后果。这种后果也体现在经济性上。

1992 年的国家军用标准《装备预防性维修大纲的制订要求与方法》从明显功能故障和隐蔽功能故障两方面,按安全性、任务性和经济性 3 种情况,将严重故障后果分为 6 种。

（1）明显的安全性影响。明显的安全性影响是指明显功能故障直接对人员伤亡或装备严重损坏的有害影响。

（2）隐蔽的安全性影响。隐蔽的安全性影响是指隐蔽功能故障所引起的多重故障对人员伤亡或装备严重损坏的有害影响。

（3）明显的任务性影响。明显的任务性影响是指明显功能故障直接对装备完成任务的有害影响。

（4）隐蔽的任务性影响。隐蔽的任务性影响是指隐蔽功能故障所引起的多重故障对装备完成任务的有害影响。

（5）明显的经济性影响。明显的经济性影响是指明显功能故障不妨碍使用安全和任务完成,但直接对经济性产生的严重影响,如较高的修理费用。

（6）隐蔽的经济性影响。隐蔽的经济性影响是指隐蔽功能故障所引起的多重故障对经济性产生的严重影响,如较高的修理费用。

针对不同的故障后果,采取不同的对策。如果故障后果严重,则须竭尽全力防止发生,至少将故障风险降低到可以接受的水平,否则更改设计;如果故障影响甚微,除了日常清洁、润滑之外,不必采取任何措施,直到故障出现以后再来排除即可。

传统维修观念过高地估计了预防性维修的作用,以为只要认真做好预防性维修工作,就可以"万无一失",就能够避免故障的发生,改变故障的后果。事实上,故障是难以避免的,特别是早期故障期和偶然故障期,是不可能靠预防性维修工作来预防的。预防性维修仅仅能够降低故障发生的频率或概率,但不能改变故障的后果。

5）科学评价预防性维修的作用

有效的预防性维修工作能够以最少的资源消耗来保持设备的固有可靠性水平,但不可能超过这个水平。要想超过这个水平,只有重新更改设计。

传统维修观念:预防性维修能够提高设备的固有可靠性水平,能够使设备保持做所期望做到的事情。

RCM 原理:预防性维修不能够提高设备的固有可靠性水平,最高只能保持或达到设备的固有可靠性水平。

传统维修观念认为:预防性维修能够提高设备的固有可靠性水平,能够使设备保持做所期望做到的事情。但是,"所期望做到的"和"所能做到的"常常有矛盾。我们期望设备达到的能力无法超出了其固有能力,即设备的固有可靠性水平,维修充其量是使装备发挥其固有能力,使其做所能做的事情。

任何设备的固有可靠性是设计和制造时赋予设备本身的一种内在的固有属性。固有可靠性包括设备的平均故障间隔时间和故障率大小、故障后果、故障察觉的明显性和隐蔽性、抗故障能力及下降速率、安全寿命的长短、预防性维修费用和修复性维修费用的高低等固有属性。有效的预防性维修工作能够以最少的资源消耗保持设备的固有可靠性水平,或者防止固有可靠性水平的降低。维修不可能把可靠性提高到固有可靠性水平之上,最多只能保持或达到设备的固有可靠性水平。没有一种维修能使可靠性超出设计时所赋予的固有水平,要想超过这个水平,只有重新设计,或者实施改进性维修。

各种故障的后果是装备固有可靠性的属性,预防性维修虽然能够预防故障出现的次数,从而降低故障发生的频率或概率,但不能改变故障的后果。故障后果的改变,不决定于维修而决定于设计。只有通过设计,才能改变故障的后果。例如,采用冗余技术或损伤容限设计,使其不再具有安全性或环境性的后果;也可以通过设计,增加安全装置,把故障发生的概率降低到可以接受的水平。对具有隐蔽性后果的故障,通过设计,如用明显功能代替隐蔽功能,使其不再具有隐蔽性的后果;也可以通过设计,并联一个甚至几个隐蔽功能,虽然仍是隐蔽性的,但可以把多重故障概率降低到可以接受的水平。对具有使用性后果的故障,通过设计,也可将其改变为可以接受的经济性的后果。

6) 确定预防性维修工作的基本思路

以可靠性为中心的维修理论确定预防性维修工作的基本思路是按故障的不同后果,并按维修工作既要技术可行又要值得做的办法来确定预防性维修工作的;否则,不做预防性维修工作,而是要考虑更改设计方案。

传统维修观念:对可能出现的任何故障都要做预防性维修工作。

RCM 原理:只有故障后果严重,而且所做的维修工作既要技术可行又要值得做时才做预防性维修工作。

传统维修观念认为:对可能出现的任何故障都要做预防性维修工作,维修工作做得越多,越能够预防故障。但实践证明,无论怎样加大预防性维修的工作量、维修的深度和广度,故障仍旧发生,设备的总故障率不见下降反而上升使"多做维修工作能够防止故障"的观念受到了极大挑战。以可靠性为中心的维修理论首先是按故障的后果,然后是按做维修工作既要技术可行又要值得做时来确定做预防性维修的工作思路。

这里所谓的技术可行、值得做是具有特定含义的。"技术可行"是指该类维修工作与设备或机件的固有可靠性特性是相适应的;所谓"值得做",是指该类维修工作能够产生相应的效果。

"技术可行"分定时维修、视情维修和隐患检测 3 种情况。一是定时维修的技术可行:设备或机件必须有可确定的耗损期;设备或机件的大部分能工作到该耗损期;通过定时维修能够将设备或机件修复到规定的状态。二是视情维修的技术可行:设备或机件功能的退化必须是可探测的;设备或机件必须存在一个可定义的潜在故障状态;设备或机件在从潜在故障发展到功能故障之间必须经历一段较长的时间。三是隐患检测的技术可行:隐患检测的技术可行是指能否确定隐蔽功能故障的发生。

"值得做"也分 3 种情况:一是对安全性后果、环境性后果和隐蔽性后果,要求能将发生故障或多重故障的概率降低到规定的、可接受的水平;二是对使用性后果,要求预防性维修费用低于使用性后果的损失费用和修理费用;三是对非使用性后果,要求预防维修费用低于修理费月。

故障后果是确定预防维修工作的重要依据。对于具有安全性和环境性后果或隐蔽性后果的故障,只有当预防性维修工作技术上可行并且又能把这种故障发生的概率降低到可以接受的水平时,才需要做预防性维修工作,否则,就不需要做预防性维修工作,必须更改设计。对于具有使用性后果的故障,只有当预防性维修费用低于使用性后果所造成的损失费用加上排除故障费用时,才需要做预防性维修工作,否则,就不必做预防性维修工作,需要更改设计。对于具有非使用性后果的故障,只有当预防性维修费用低于修理费用时,才需要做预防性维修工作,否则,就不必做预防性维修工作,也许宜于更改设计。对于一些后果甚微或后果可以容忍的故障,除了日常清洁、润滑等保养工作之外不必采取任何预防措施,不必做预防性维修工作,让这些机件一直工作到发生故障之后才做修复性维修工作,这时,唯一的代价只是排除故障所需的费用,而机件的使用寿命可以得到充分利用。也就是说,不是根据故障而是根据故障的后果来确定预防性维修工作的,这比预防故障本身更为重要。只有当故障后果严重,而且所做的维修工作既技术可行又有效果时,才做预防性维修工作,否则,就不必做预防性维修工作,而需要更改设计。做维修工作还是更改设计的确定如表 3-3 所列。

表 3-3　确定预防性维修工作与更改设计的基本思路

技术可行又值得做	故障后果			
	安全性(环境性)后果	隐蔽性后果	使用性后果	非使用性后果
是	预防性维修	预防性维修	预防性维修	预防性维修
否	必须更改设计	更改设计	也许需要更改设计	也许宜于更改设计

在多数情况下,机件往往难以找到一种合适的预防性维修工作。这也许是因为故障的后果很轻,以致做维修工作的费用不合算;也许是因为故障的后果严重而维修工作不能把故障或多重故障概率降低到所要求的水平。此外,像机电、电子、电器等复杂设备,没有证据能表明维修工作会改善其可靠性,而且维修的结果总是可能引入新的故障,因此,也不必总做预防性维修工作。这就使得不需要做预防性维修工作的机件数目远远大于需要做预防性维修工作的机件数目。

7) 初始预防性维修大纲的制定

传统维修观念:重设计轻维修,维修被视为"事后"工作,只有在设备研制出来后,甚至投入使用后才开始考虑维修的问题。初始预防性维修大纲是在设备投入使用之后才去制定,一经制定,一般不修订。

RCM 理论:使用维修是设计制造的出发点和落脚点,维修工作的内容、时机等决定于设计,预防性维修大纲不能推迟到设备制造出来后才着手制定,应在研制初期充分考虑使用维修的要求,逐过设计来优化预防性维修大纲,以保证新设备及时投入使用。同时,设备投入使用之前的统计信息总是先天不足的,因此,使用前的初始预防性维修大纲一般是不够完善的,需要在使用中收集数据资料,不断修订才能逐步达到完善。

初始预防性维修大纲制定的信息来源和成熟化过程如图 3-5 所示。

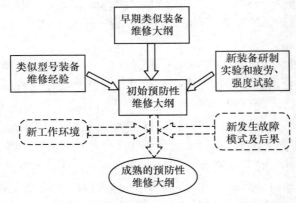

图 3-5　初始预防性维修大纲的成熟化过程

在制定初始维修大纲时,可用的数据资料通常只限于类似机件的以往经验、对研制部门设计了解的信息以及新设备研制试验和疲劳试验的结果。利用这些数据资料可以粗略地估算出使用寿命和间隔期。用于确定使用寿命和最佳间隔期所需要的数据资料,只有在设备投入使用之后才能取得。如果机体故障后果是严重的,首次故障后为了避免严重事故的再次出现,必然采取更改设计的措施,此后就不会再有这种故障机件的后续数据资料了。如果机件故障后果不严重,虽然可以收集到机件出现故障以后的完整使用数据资料,但有没有这些数据资料都无关紧要。因此,在制定初始预防性维修大纲时,统计信息总是会出现"先天不足"的情况,只有依据不完善或不确实的推测数据;此外,还要对尚未发生,而且可能永远不会发生的故障模式的可能性和后果做出决断。在这种情况下,漏掉某些故障模式和故障影响是不可避免的,同时也会错误地评估某些机件的故障后果和维修频率。因此,使用前的初始预防性维修大纲一般是不够完善的,需要在使用过程中不断地收集使用数据资料,及时地进行动态修订,才能逐步趋于完善。

8)预防性维修大纲的完善

传统维修观念:设备的维修任务是由使用维修部门来完成。因为他们熟悉维修工作,因此,可以制定出一个完善的维修大纲。多年来,我国设备维修大纲基本上是由使用维修部门自己单独制定的。但是,维修只能在固有可靠性水平的基础上才能施加影响、发挥作用。如果研制时固有可靠性水平"先天不足",投入使用后将会"后患无穷",这时的维修只能面对固有可靠性水平不足所带来的寿命短、故障多、维修频繁、可用率低、费用高等系列问题。由此可见,使用维修部门难以单独制定出完善的预防性维修大纲。随着市场经济的发展,用户购买新设备时,要求研制部门提供相应的预防性维修大纲,作为供货合同的一项内容,但这并不意味研制部门就知道用户所要求的各种事项。研制部门虽然了解设备设计、制造和试验方面的情况,知道设备的应力和抗力水平,但不可能完全知道今后在使用维修中将会出现的各种问题,特别是一些难以预测的故障模式及后果。由此可见,研制部门也难以单独制定出完善的预防性维修大纲。因此,需要使用维修部门与研制部门共同协作,才能逐步制定出完善的预防性维修大纲。完善的预防性维修大纲的产生过程如图 3-6 所示。

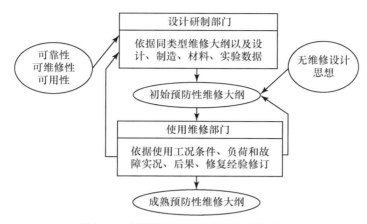

图 3-6　成熟预防性维修大纲的产生过程

由表 3-3 可知,解决不同故障后果的办法有两种:一是做预防性维修工作;二是更改设计。这两种办法中究竟选择哪一种,需要设计研制与使用维修双方对问题和目标的相互了解及密切协作。维修类型和维修间隔期决定于设计,预防性维修大纲不能推迟到设备制造出来后才着手制定,而应在设备研制初期就认真考虑维修要求,优化设计方案。也就是说,从设计上来考虑如何防止严重故障后果的出现,如何降低故障率,如何使零部件便于检测,便于故障件的更换,使隐蔽功能故障变为明显功能故障,消除维修费用特别高的故障模式等。通过维修实践的检验,暴露问题后再修改设计方案,经反复多次修改才能逐步达到提高维修效果、降低维修费用、保证使用安全的目的。所以,完善的预防性维修大纲只有通过使用维修部门与研制部门长期共同协作才能逐步完善。

总之,从以上 8 个方面的观点可知,RCM 理论是以设备的固有可靠性为出发点,又以保证设备固有可靠性为归宿。与传统维修观念相比,RCM 理论并不认为预防性维修工作做得越多、越频繁,可靠性就越高;而是只做那些"必须做"和"值得做"的维修工作,消除了那些不必要的或起副作用的维修工作,大幅度减少了预防性维修的工作量和费用,有效地克服了传统维修观念不是使"维修过剩"就是使"维修不足"的弊病,在保证设备安全使用和提高设备经济效益方面正确地发挥维修的作用。

3.3　全系统全寿命维修理论

随着科学技术的发展,航空装备技术越来越密集,结构越来越复杂,性能越来越优良,对维修保障的要求也越来越高,这种使用需求的牵引,有力地促进了航空维修的发展,使航空维修从一种技术性作业活动逐步发展成为一种工程技术与管理相融合的综合性活动,并在长期的维修管理实践中,逐步确立了航空维修的系统观,形成了全系统全寿命维修管理理论。

航空装备全系统全寿命维修管理,集中体现了航空维修的目标需求,是对航空维修实施全系统、全寿命、全费用的科学管理。

3.3.1 全系统维修管理

随着航空维修实践的深入和航空装备的发展,人们逐步认识到,航空维修已成为包括装备自身在内的由相互作用、相互依赖的各个要素(包括人、财、物、信息等)和各个部分(包括各级维修、训练、科研以及物资器材供应保障等)所组成的具有共同目标和特定功能的有机整体,即航空维修是一种复杂的军事经济系统,航空维修已从一种技术性作业活动逐步转变为一种技术与管理相融合的综合性活动,更好地满足了日益增长的航空维修需求。因此全系统的管理,就是把装备全部内在和外在的因素作为一个整体系统来研究和处理,把主装备及其配套的设施、设备、仪器、工具、器材、资料等技术保障部分进行通盘考虑,把战术技术性能、可靠性、维修性、安全性、保障性和抢修性等都作为装备性能指标综合并优化到装备系统中,统一协调,同步发展。

从系统的角度来看,一个完整的航空维修系统应包括在规定的工作环境下,使系统正常运行需要的各种要素,需要各部门的通力协作。具体包括使系统的工作和保障可以达到自给所需的一切设备、有关的设施、器材、服务和人员,即维修规划,人员数量与技术等级,供应保障,保障装备,技术资料,训练和训练保障,计算机资源保障,保障设施,包装、装卸、储存、运输和设计接口组成航空维修系统的静态要素。从系统要素构成来看,并不是具备了这几种要素就是一个完整的维修系统,这只是给出了航空维修系统的一个方面,更重要的是,如何使这些要素相互匹配,使这些要素在维修过程中发挥作用,这就需要采办机构、后勤保障机构、训练机构和科研机构等部门的协作支持,需要各级航空维修机构、不同维修专业的共同努力。而且,在维修过程中,航空维修还受战争条件、装备状态、人员、物资、环境等许多不确定性因素的影响,需要对这些不确定性因素进行有效的控制和管理。因此,要从系统的角度来认识和管理航空维修,实施全系统的维修管理,即运用系统分析工具对航空维修系统及其相关过程活动、要素进行统一规划、全面协调和系统管理,以使系统规模适度、布局合理、结构优化、体系配套。

3.3.2 全寿命维修管理

航空维修的对象就是航空装备,航空装备作为一种人造的实物系统,也有其产生、发展和衰亡的过程。航空装备从立项论证、研制设计、生产制造、使用维修到退役、报废等一系列活动过程,称为航空装备的寿命周期过程。全寿命,不是指总寿命。它更侧重于过程而不是单纯的时间,是航空装备的寿命周期过程。传统的维修观念缺乏对维修的过程认识,把维修定位在使用阶段的技术性作业活动,使维修处于一种被动的角色,导致维修过剩或维修不足。而现代的维修观念认识到,航空维修是航空装备寿命周期过程活动的有机组成部分,必须从设计上保证航空装备具有良好的维修品质,从管理上有效整合和优化配置维修保障资源,面向航空装备寿命周期过程,在航空装备部署使用的同时建立一个经济而有效的维修保障系统,实行全寿命维修管理。

全寿命维修管理,是指对航空装备从需求论证直到退役、报废处理的整个发展过程,以作战使用需求为牵引,对航空维修系统进行统筹规划和科学管理,通过有效整合维修资源以实现维修目标与责任的动态创造性活动过程,即对航空维修实施"从摇篮到坟墓"有效的连续管理过程。在论证和设计阶段,综合权衡和统筹考虑航空装备的性能、可靠性、维修性、保障性,系统规划维修保障计划和维修保障方案;在生产制造阶段,实施科学、严格的质量控制,生产制造出高质量的航空装备以及计划的、与航空装备匹配的各种维修保障资源(包括维修人员的培训等);在使用和维修保障阶段,在部署和使用航空装备的同时,充分发挥航空维修系统的作用,通过分析航空装备可靠性、维修性以及维修保障工作的数据资料,把握航空装备故障的规律特征,并持续改进维修保障系统,不断提高航空维修系统的效能;在退役(报废)阶段,通过对维修保障资源的综合评估,保留有效的维修保障资源,提出有关维修保障资源报废的技术性建议等。

装备的全寿命维修管理的各阶段工作有着密切的联系。前期的科学管理和正确决策,对武器系统的效能、费用有着深远的影响。如果前期可靠性、维修性、保障性等设计较差,一旦进入生产及部署阶段,再要修改,不仅费时又费钱,有时甚至是不可能的,后期生产工艺再好,也生产不出高可靠性的装备,装备就会在使用维修阶段经常发生故障,且维修保障困难,影响部队战斗力生成及持续作战能力。当然,后期的管理也很重要,可靠性再好的武器装备,如果使用维修阶段违反操作规程,不进行科学维修,也会损坏装备,也将直接影响到装备的战斗力生成和装备的寿命周期。所以,必须对装备寿命周期的各阶段实施有机结合的管理,才能充分发挥装备系统的效能,延长装备的使用寿命,降低装备寿命周期费用。

对航空维修实施全寿命管理,改变了"研制的不管生产的,生产的不管使用保障的"局面,改变了传统的"铁路警察各管一段"分散式维修管理模式,实现维修的前伸和后延。往前延伸到装备的设计生产,往后延伸到装备的退役报废,它冲破了长期以来认为维修只涉及装备使用阶段,只是维修部门的事情这种观点,保证了对航空维修实施连续的系统管理,使维修从被动转为主动,从后台走向前台,使维修保障力得到极大的提高。

3.3.3　全费用维修管理

由于传统的"重设计轻使用、重性能轻效能"的观念,过去航空装备设计的重点是性能,虽然装备的性能提高了,增加了航空装备的复杂性,导致了装备可靠性和维修性的降低,造成了装备的可靠性差、装备维修频繁、维修周期时间长、维修费用高等后果。同时,由于装备管理部门缺乏系统管理意识,只注重一次性的装备采购费用,缺乏对使用和维修保障费用这种继生费用的系统分析和科学管理,结果导致了使用和维修保障费用急剧增长,维修保障费用的增加在一定程度上制约了航空装备的可持续发展。据美军统计,不同的武器装备在使用阶段历年所支出的维修费用之和,为其采购费用的 3~20 倍。另据国外的有关资料统计,各类武器装备的使用和维修保障费用,占其全寿命费用的比例为:战斗机 50%~70%,坦克 80%,驱逐舰 60%~75%。随着航空装备的更新换代,使用和维修保障费用更有逐年增长的趋势,因此,对航空装备使用和维修保障费用必须实施科学管理,推行全费用管理。

全费用是指重要武器系统在其预计的有效寿命期内,在设计、研制、生产、使用、维护和后勤保障方面已经或将要承担的、直接和间接的、经常性和一次性的费用以及其他有关的费用之总和。全费用管理,是从全系统全寿命来实施航空装备管理的一种系统管理方法,是从系统的角度,对航空装备寿命周期过程中不同阶段、不同类别的费用进行识别、量化和评价,以建立费用间的相互关系和确定各类别费用对总费用的影响,从而为航空装备的费用设计和经济性决策提供依据,指导和改进航空维修管理,在航空装备寿命周期过程中以最经济的资源消耗完成航空维修使命。

全费用管理反映了航空装备使用和维修保障费用管理的客观需求。第一,全费用管理改变了传统的维修是一种消耗性活动的偏见,维修也是一种高回报的投资;第二,全费用管理指出了寿命周期费用的先天性,即全费用管理必须从设计入手;第三,全费用管理树立了费用管理的系统观,只有从全系统全寿命的角度对航空装备的使用和维修保障费用进行系统规划和科学管理,在装备决策和研制阶段就综合考虑维修问题,才能降低航空装备在使用阶段的维修保障费用,使所研制的航空装备不仅能买得起,而且能养得起,养得好。

小　结

本章阐述了航空维修理论的相关内容,介绍了预防性维修理论、以可靠性为中心的维修理论、全系统全寿命维修理论。重点介绍了以可靠性为中心的维修理论内涵和 8 个主要观点等内容。

思 考 题

1. 简述浴盆曲线的 3 个阶段的特点。
2. 简要概括以可靠性为中心维修理论的主要内容。
3. 以可靠性为中心维修理论在确定预防性维修工作的工作思路上与传统维修观念有哪些不同?
4. 分别简述全系统维修管理、全寿命维修管理、全费用维修管理的含义。

第4章　航空维修计划管理

计划是管理的主要职能之一,是人们认识世界、改造世界的意识反映,是预测、选择和部署未来目标和行动方案的过程。"凡事预则立,不预则废",一个组织的计划工作做得是否完善,对组织的运行影响很大。航空维修是一项涉及多部门、多专业、多环节的工程技术与管理相融合的复杂活动,要有效利用人、财、物、时间、信息等维修资源,正常、高效、有序地开展维修作业活动,确保作训任务的完成,必须制定科学的维修计划。航空维修计划不仅提供了各部门和各专业个体成员的行动纲领和依据,同时又确定了实现目标的方法和途径。

4.1　计划及其作用

4.1.1　计划的含义

计划作为动词,是指管理者确定必要的行动方针,以期在未来发展中能够实现目标的过程,也就是计划工作。计划作为名词,是指对未来活动所做的事前预测、安排和应变处理,它是计划工作中计划制订的成果、贯彻落实和监督检查的对象。

计划的目的是实现组织所提出的各项目标,每一项计划都是针对某一个特定目标,因此,一项计划首先要明确该项计划所针对的目标。在目标明确以后,在计划中还必须说明如何做、谁做、何时做、在何地做,需投入多少资源等基本问题。

4.1.2　计划的类型

计划有很多类型,按计划期的长短分为长期计划、中期计划和短期计划;按计划所涉及的范围分为战略计划和行动计划;按计划对象分为综合计划、部门计划和项目计划;按计划对执行者的约束力,分为指令性计划和指导性计划。

（1）按时间分为长期计划、中期计划和短期计划。

一般地,人们习惯于把3年及3年以上的计划称为长期计划,1年以上3年以内的计划称为中期计划,时间跨度在1年及1年以内的计划称为短期计划。长期计划主要回答两方面的问题:一是组织的长远目标和发展方向是什么;二是如何达到本组织的长远目标。中期计划来自长期计划,只是比长期计划更具体和详细,它主要起协调长期计划和短期计划之间关系的作用。长期计划以问题、目标为中心,中期计划以时间为中心,具体说明各年应该达到的目标和应开展的工作。短期计划比中期计划更为具体和详尽,它主要说明计划期内必须达到的目标,以及具体的工作要求,要求能够直接指导各项活动的开展。

在一个组织中,长期计划和短期计划之间的关系应是"长计划、短安排",即为了实现长期计划中提到的各项目标,组织必须制定相应的一系列中、短期计划加以落实,而中、短期计划的制定必须围绕长期计划中所提出的各项目标展开。

（2）按范围分为战略计划和行动计划。

战略计划是由高层管理者负责制定的具有长远性、全局性的指导性计划,它描述了组织在未来一段时间内的总战略构想和总发展目标,以及实施途径,决定了在相当长时间内组织资源的运动方向,涉及组织的方方面面,并将在较长时间内发挥其指导作用。

行动计划是在战略计划所规定的方向、方针、政策框架内,为确保战略目标的落实和实现,确保资源取得与有效运用而形成的具体计划,它主要描述如何实现组织的整体目标,是战略计划的具体化或是战略实施计划。行动计划还可以进一步细分为施政计划和作业计划,分别由中层管理者和基层管理者负责制定。施政计划按年度拟定,明确各年度的具体目标和达到各种目标的确切时间;作业计划则在施政计划下确定计划期内更为具体的目标,确定工作流程、明确人选、分派任务和资源、确定权利与责任。

（3）按对象分为综合计划、部门计划和项目计划。

顾名思义,综合计划涉及的内容是多方面的,部门计划只涉及某一特定的部门,项目计划则是为某项特定的活动而制定的计划。综合计划一般是指具有多个目标和多方面内容的计划,就其所涉及的对象而言,它关联整个组织或组织中的许多方面。习惯上,人们把预算年度计划称为综合计划。部门计划是在综合计划基础上制定的,它的内容比较专一,局限于某一特定的部门或职能,一般是综合计划的子计划,是为了达到组织的分目标而制定的。项目计划是针对组织特定活动所做的计划。

（4）按效用分为指令性计划和指导性计划。

按计划的约束力大小,计划可分为指令性计划和指导性计划。指令性计划是由上级下达的具有行政约束力的计划,它规定了计划执行单位必须执行的各项任务,其规定的各项指标没有讨价还价的余地;指导性计划是由上级给出一般性的指导原则,具体如何执行具有较大灵活性的计划。

4.1.3　航空维修计划管理的必要性

计划的最终成果是对未来发展的行动方针做出预测和安排,可以对未来的行动提供方向以及有效地配置资源,合理的计划是成功的秘诀,计划做得好可以取得很多收益。

对于航空维修来说,计划管理的必要性取决于维修的管理职能和维修的客观实际。

（1）计划管理是航空维修管理的首要职能。

在维修管理的各项职能中,计划是组织设置的依据、质量控制的前提。它是维修各项管理的起点,也是各项管理的终点——实现计划目标。计划管理的水平反映了整个维修管理的水平。所以,要搞好航空维修管理,必须首先加强计划管理。

（2）计划管理是新时期空中作战的突出需求。

现代战争要求航空维修工作必须具有很强的快速反应能力、机动能力、持续保障能力和生存防卫能力。因此,航空维修必须从战争全局出发,周密分析维修保障任务和维修保障能力的情况,严密计划航空技术装备的使用和维修,科学地调配各种维修保障力量,预备应付各种情况的准备,在任何复杂、恶劣的条件下,优质、高速地实施航空维修保障,使最大数量的飞机处于可用状态,确保作战任务的遂行。

（3）计划管理是航空维修系统管理的要求。

航空维修是一个多部门、多层次、多环节的工程系统,必须有统一的目标和周密的计划,作为各系统、各部门和系统内全体成员的行动纲领与指南,才能使其协调一致,切实防止各行其是、彼此脱节,保证航空维修系统的正常秩序,实现高效能的维修保障。

（4）计划管理是航空维修科学管理的要求。

航空装备日益复杂、昂贵,其全寿命维修费用以惊人的速度增长。因此,航空维修必须制定周密科学的计划,在航空维修实施过程中,经济合理地利用维修设备、设施、器材、物质、经费,充分发挥人力、物力、财力等维修资源的作用,以最低的消耗,获取最大的维修效果,以达到优质、高效、低耗的维修目标。

4.1.4　航空维修计划管理的原则

（1）目标性原则。航空维修计划管理必须树立全局观点,服从国家建设、军队建设及航空兵建设的总目标,才能有利于实现总目标。航空维修系统内部各层次、各门类计划必须保持一致,下级计划要保证上级计划的落实。

（2）科学性原则。维修计划管理的科学性,要求对待计划坚持科学态度,制定计划运用科学方法。维修计划管理必须坚持从实际出发,深入调查研究,尊重航空维修的客观规律,研究掌握维修计划管理的特点,使主观符合客观。维修计划要具有现实性,要符合航空维修的实际情况,适应其发展变化。维修计划要体现人们的主观能动性,具有预见性,要依据维修规律,进行科学的预测和决策,提出今后实现的目标。

（3）群众性原则。维修计划管理工作必须贯彻群众路线,坚持依靠群众,这样才能使计划符合实际,也才能动员群众去完成计划。制定航空维修计划要在正确体现各级领导的指示、决心、意图的同时,善于集中群众的经验与智慧,发动群众参加计划的讨论和制定,吸收好的意见建议,这样才能保证维修计划的先进性和可行性。执行计划目标要层层分解,实行目标管理,采取多种措施调动群众的积极性。

（4）平衡性原则。航空维修是一项复杂的系统,许多工作紧密相连、互相制约。因此,维修计划管理必须坚持全面安排,搞好综合平衡,保证各方面工作的协调进行。首先,在制定计划时要从总体上对人力、物力、财力、时间等维修资源进行合理的分配,使需要和可能保持平衡。要使系统内各层次、各环节的计划之间,长期、中期、短期计划之间,保持互相衔接和平衡,不能顾此失彼、互相割裂。其次,在计划的执行过程中要不断根据变化的情况,及时调整、修订计划,保持计划的动态平衡。

（5）效率、效益原则。航空兵作战争分夺秒,因此,维修计划管理必须立足争取最高的维修效率。没有或不考虑效率的计划等于没有计划。维修计划管理还必须树立提高维修效益的思想。因此,从制定计划开始,就要考虑充分合理使用维修资源,降低维修费用。在执行计划中要采取厉行节约的措施,并检查落实。

4.2　航空维修计划管理的内容

4.2.1　航空维修计划编制

4.2.1.1　航空维修计划编制的基本依据

制定航空维修计划的依据是多方面的,对于不同种类的计划,制定的具体依据也不尽相同,一般应考虑以下因素。

(1) 上级明确的航空维修经费指标。

(2) 单位年度战备、训练、执勤任务的基本需要。

(3) 单位现有武器装备的技术状况和维护修理、航空器材、维修经费标准及修理能力。

(4) 经装备部门核准的武器装备实力和业务实力。

(5) 上年度装备维修遗留和需本年度解决的问题。

制定计划时,应当将所制定计划的具体内容与以上几方面的依据结合起来进行思考,使计划建立在依据充分的基础之上。

4.2.1.2　航空维修计划编制的基本程序

制定维修计划是一个复杂的过程,需要综合考虑各种因素,做定性分析及定量计算,进行统筹。维修计划制定的基本要求是责任落实,步骤清楚,重点突出,方法科学,措施有力。制定计划的程序是否完善,方法是否科学,对计划的质量有很大影响。维修计划种类不同,程序会有所差异,一般程序包括以下几个方面。

1) 明确维修任务,收集维修信息

研究上级的决心、意图,准确领会其精神实质,明确本级航空维修工作在全局中的地位和作用,分析研究承担的航空维修任务和要求,广泛收集维修信息,是制定维修计划最主要的准备工作。

制定航空维修计划所需掌握的信息主要包括:

(1) 航空兵部队党委、首长的指示,训练、作战的总体计划,赋予航空维修工作的任务;上级航空装备技术部门的计划和指示。

(2) 前期维修计划的完成情况及主要的经验教训。

(3) 当前航空装备技术部门的状况,如航空技术装备的状况,各级维修机构、人员的数量和质量状况,维修保障能力、维修水平、主要问题和薄弱环节。

(4) 与航空维修工作有关的系统,特别是后勤系统的供应保障能力。

(5) 航空装备技术部门内部因素和外部条件的未来发展情况。

2) 分析维修信息,确定维修目标

在通过对维修信息分析,进行预测和找出完成任务的有利与不利因素的基础上,确定维修计划目标及各项维修指标,确定完成维修任务的基本途径和基本方法,为拟制计划方案奠定基础。

制定计划的核心问题是设定计划目标。处于基层管理层的维修计划目标,一般可以根据对上级下达的任务和维修实际情况的分析,利用经验判断直接确定。但是较大的、复杂的维修计划,特别是航空工程系统长期发展规划的目标,必须在对大量维修信息进行深入定性和定量分析的基础上,进行科学的预测才能确定。

预测内容因管理层级和计划需要的不同而异。基层管理层的预测内容一般包括:航空装备良好、可用状况及预定维修工时、送修量的预测;航空装备未来故障率的预测;和平时期航空装备事故、损耗率和战时战损率的预测;航空装备备件、器材需求预测;航空装备非预定维修的人力与工时预测等。

维修计划的有关数据、指标和计划确定的技术方法有以下几种。

(1) 数理统计方法。整理从平时积累和收集来的数据,再进行数据的统计分析。

(2) 指标预测方法。装备维修计划所规定的维修工作都是未来的事情,它的各项指标只能作为预测的对象。常用的预测方法有定额法、比较法和专家预测法。定额法就是直接根据各种标准来确定维修计划指标的方法。装备维修中定额的种类很多,如备件供应标准、维修经费标准、原材料消耗标准等。比较法是通过分析比较来确定维修计划指标的方法。一是不同时期的纵向比较,即根据以往各年装备维修的实际情况和装备维修的发展水平进行分析对比;二是各部队或同类单位、同类项目进行横向比较。专家预测法是利用专家的经验和智慧,对维修计划指标进行预测的方法。此法特别适用于缺乏数据资料的有关维修计划指标的确定和装备维修长远发展的计划指标的确定。

(3) 分析规划方法。分析规划方法是拟定维修计划方案并对各种可行的维修计划方案进行分析、比较、评价、选优时采用的方法,主要有分析综合法和网络计划技术。分析综合法要求从技术条件是否优化可行,经济上是否节约等方面加以分析、综合和权衡,确定最佳维修计划。在装备维修管理中,对较大范围的经费、物资调整,重要、复杂装备的修理等,都要进行技术、经济等方面的分析论证。网络计划技术(统筹法)是对人力、物力、时间、资源等进行合理安排,以最少的资源、最短的时间、最有利的方式进行计划管理方法。

3) 统筹安排任务,草拟计划方案

拟制计划方案的过程大致可以分为 4 个步骤。

(1) 列出计划方案的相关项目。主要包括各项具体任务的内容及其指标;各项任务的具体要求,主要有完成的时限、数量、质量要求,必须遵守的政策法令和规章制度;现实具备完成任务的条件,如能承担任务的单位和人员的数量、水平、能力;能够使用的航空维修设施、设备、器材的数量和状况;后勤各项供应保障的能力和状况;所能获得的维修经费等有利和不利因素。

(2) 统筹安排,分配任务。采用系统工程的技术方法,计划任务的时间安排和资源分配,保证维修计划的科学性。经过分析判断,将各项具体任务按照轻重缓急排列,分阶段进行安排和必要的组合;并同有关部门协商,列出完成任务的起止时间表;将各项任务在各个单位和各类人员中进行分配;在完成对任务时间分配、承担者分配的基础上进行维修设施(场所)、维修设备、维修经费和器材的分配;明确各单位的职责和协作配合关系,搞好各项任务间的衔接;制定保障计划完成的措施;提出执行计划的要求。

(3) 综合平衡,进行优化。综合平衡,就是研究处理计划的航空维修各方面之间的矛盾,以及揭露矛盾、解决矛盾达到比例协调的过程。做到维修保障能力和维修任务之间的总平衡,满足战训任务的需要。做到各单位维修任务之间的平衡,使之分配合理。安排好那些关系到航空维修工作全局、对航空维修发展有决定性影响的比例关系。处理好维修需要和可能的矛盾,组织好人力、物力、财力的平衡。安排好航空装备维修工程建设和航空维修保障力量的布局。把长期、中期、短期计划和同一时期各项计划、指标有机地结合起来,做到衔接平衡。优化的重点是时间、资源和工作程序。要力争达到计划的时间最短、资源最省、程序最佳。

（4）拟制计划方案。为保证计划方案的完整性、明确性,拟制方案时要掌握 7 个要素:必要性——为什么要制定这项计划;目的——这个计划要达到什么样的目的;地点——在哪里执行;执行人——由谁来执行;时间——什么时候执行,什么时候完成;方法——如何实施;措施——如何解决实施中可能出现的问题。

4）优选维修方案,报请审批执行

一般应该提出多种可行方案,便于讨论分析、决策选优。利用科学的方法和手段对方案进行决策分析,确定优选方案,并按有关规定送上级审批。经批准后列入党委和部队的总体计划下达执行。执行中要不断检查计划执行情况,看是否符合计划的要求。如果发生偏差要迅速采取措施,加以改进和调整。

4.2.1.3　航空维修计划编制的常用方法

1）滚动计划法

滚动计划法是一种将短期计划、中期计划和长期计划有机地结合起来,根据近期计划的执行情况和环境的变化情况,定期修订未来计划并逐期向前推移的方法。由于在计划工作中很难准确预测未来发展中的各种影响因素的变化,而且计划期越长,这种不确定性就越大。因此,若硬性的按几年前制定的计划执行,可能会导致重大的损失。滚动计划法则可避免这种不确定性可能带来的不良后果。

滚动计划法的具体做法是:在制定计划时,同时制定未来若干期的计划,但计划内容采用近细远粗的办法,即近期计划的内容尽可能详尽,远期计划的内容则较粗;在计划期的第一阶段结束时,根据该阶段计划执行情况和内部外部环境的变化情况,对原计划进行修订,并将整个计划向前滚动一个阶段;以后根据同样的原则逐期滚动。具体如图 4-1 所示。

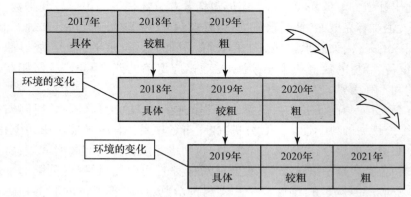

图 4-1　年度滚动计划

滚动计划法适用于任何类型的计划。具有以下优点。

（1）使计划更加切合实际,由于滚动计划相对缩短了计划时期,加大了对未来估计的准确性,从而提高了近期计划的质量。

（2）使长期计划、中期计划和短期计划相互衔接,保证能根据环境的变化及时地进行调节,并使各期计划基本保持一致。

（3）大大加强了计划的弹性,从而提高了组织的应变能力。

滚动计划法的缺点主要是刚开始时的编制工作量较大,要同时编制若干期计划。

2）情景计划法

情景计划又称为权变计划,是管理者对未来情况进行多重预测并分析如何有效应对可能出现的情况,从而得到一系列应对不同情形的行动方案。

计划的目的是能够对未来可能出现的机遇或威胁早作准备。然而,未来的不确定性是客观存在的,那么,管理者进行计划的时候就应该对未来可能出现的状况进行各种假设,并在此基础上形成一组不同的情景,然后有针对性地制定出相应的计划。就像下棋,高明的棋手总是能清晰地想到下一步或下几步可能出现的情景,不管怎么走都能应对。如果我们把最坏的情况都事先考虑到了,并且制定了相应的应对办法,那么,中间出现任何变化都能从容应对。这种方法更多的是用于战略思考。

3）甘特图

甘特图又称为横道图、条状图,是对简单项目进行计划与排程的一种工具。它以图示的方式通过活动列表和时间刻度形象地表示出活动的顺序与持续时间,它能使管理者向为项目各活动做好进度安排,然后再随着时间的推移,对比计划进度与实际进度,进行监控工作。甘特图示例如图 4-2 所示。

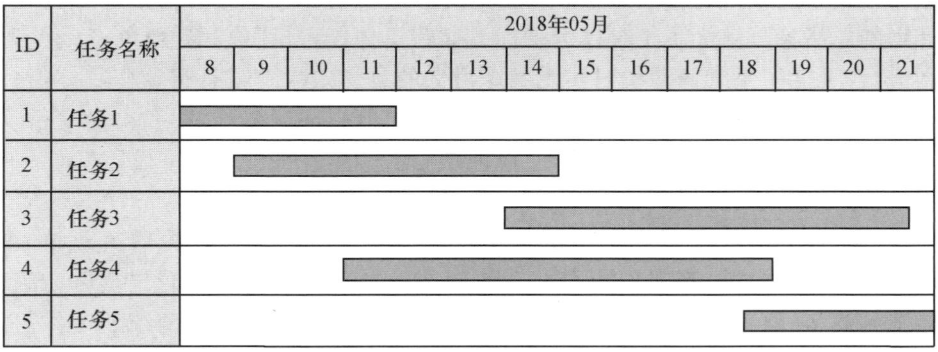

ID	任务名称	2018年05月													
		8	9	10	11	12	13	14	15	16	17	18	19	20	21
1	任务1														
2	任务2														
3	任务3														
4	任务4														
5	任务5														

图 4-2　甘特图示例

甘特图的明显优点就是简单,所以它用得非常普遍。然而,甘特图无法显示活动之间的内在联系,可这些内在联系却对高效的项目管理很关键。例如,某项目的早期活动有点延期,活动之间的内在联系无疑对管理者确定以后哪一项活动将延期很重要。相反,有些活动可能比较安全,因为它们不影响整个项目的进度安排。

4）统筹法

统筹法是把工程(任务)作为一个系统加以处理的,是一种系统的技术,它以网络形式的统筹图和较简单的计算方法来反映整个工程全貌。统筹法的基本原理是:在系统既定的总目标下,对各项具体工作(工序)进行统筹兼顾,合理安排各工序的逻辑程序,对整个系统进行计划协调和控制,以期有效地利用时间、人力和物力等资源,完成系统预定目标。

用统筹法制定维修计划的程序主要包括:根据维修任务的最终目标,确定工作项目、所需时间,并列出工作清单;按维修工作之间的逻辑关系绘制统筹图;通过时间参数计算找出各工作最早开始和结束时间、最迟开始和结束时间,找出统筹图中的关键线路;通过优化调整,挖掘非关键线路上的工作潜力,使统筹图更加优化,维修任务能得以高效地完成。统筹法的实质性内容都可以在统筹图上得到反映。

4.2.2 航空维修计划的组织实施

制定计划只是航空维修计划管理工作的开始,要把计划变成现实,必须要认真组织实施制定的计划。具体来说,要做好以下4项工作。

(1)要实行维修计划的分级管理。

围绕着维修计划的总目标,各级管理机构都要制定相应的执行计划,逐级细分,直至每个维修操作人员的具体作业计划,使整个航空维修系统形成一个完整的计划管理体系。

(2)充分调动机务人员的积极性和创造性。

机务人员是维修计划的具体执行者,计划能否顺利实现,关键在于能否调动广大机务人员的积极性,能否把计划变为他们的自觉行动,真正成为广大机务官兵行动的纲领和目标,充分调动机务官兵的积极性、主动性、创造性,完成维修任务。

(3)要实行目标管理。

维修计划实施中的目标管理,就是按各级、各单位、各人担负的任务和职责不同,把维修计划的总指标分解为若干具体的指标。这些具体指标,既能测定维修活动是否按统一计划进行,又能衡量维修活动对实现维修目标的具体效果。只有将这些具体指标逐一落实到各级、各单位和个人,使每个单位和维修人员既有明确的努力目标,又有行动的准则,才能实现目标自上而下的分级管理,保证维修活动高效进行。

(4)要严密组织,抓好落实。

执行维修计划前的各项准备工作,包括制定标准、定额、技术文件、管理规章、维修设备、器材、原材料的筹措,管理和操作人员的培训、编组等,这些都要制定具体措施,抓好各项措施的落实,要定单位、定人员、定项目、定进度,搞好维修的协调统筹工作,强化维修指挥管理系统。

4.2.3 航空维修计划的执行控制

航空维修计划的制定和实施是一个动态过程,对这个过程进行检查,实施科学管理和有效监控,是维修计划顺利实施的基础和重要手段。

航空维修计划的控制工作主要围绕计划目标(指标)和计划的中心任务进行,主要包括:各项计划指标的完成情况,涉及进度、数量、效率、效益;执行计划过程中出现的重大问题和解决方法,执行计划中的经验和教训;执行计划过程中贯彻执行有关政策法规、条例规章的情况。

在航空维修计划执行中,检查的方法很多。从检查的时间上划分,有日常检查和定期检查;从检查的内容和范围上分,有全面检查和专题检查;从检查的人员分,有上级检查和自身检查,有专职人员检查和群众检查;从检查的方式分,有利用统计报表检查、召开会议、听取汇报和深入现场直接考察等。这些检查往往是互相结合进行的。对维修计划执行的检查要注意以下几点。

（1）明确标准。既要有定性标准，又要有定量标准，这是计划检查的制度。对照规定标准检查执行情况，是最明了、最客观、最有效的一种控制方法。

（2）及时指导、采取措施、纠正偏差。这是检查计划的目的。既要进行全面检查，又要进行重点检查；既要检查先进的，又要检查落后的；既要进行阶段性检查，又要进行经常性检查。检查中通过比较、评价、分析，发现偏差，及时采取措施加以纠正。

（3）检查计划的执行情况。检查计划的执行情况关键要做好经常性的信息反馈工作，因此，要加强原始资料的记录、传递和统计分析工作。

4.3 航空维修计划统筹技术

4.3.1 统筹法的产生与发展

在工业、交通运输、军事以及其他各项工作中，都涉及工作计划安排的问题，人们期望又快又好地完成任务。20 世纪 50 年代以来，国外就在探讨有关这方面的问题。1957 年，美国化学公司 Du Pont 的 M. R. Walker 与 Rand 通用电子计算机公司的 J. E. Kelly 为了协调公司内部不同业务部门的工作，成立了由数学家、工程师组成的小组，共同研究出关键路线方法（Critical Path Method，CPM）。首次把这一方法用于一家化工厂的筹建，结果筹建工程提前 2 个月完成。随后，又把这一方法用于工厂的维修，结果使停工时间缩短了 47 小时，当年就取得节约资金达百万元的可观效益。

1958 年，美国海军武器规划局特别规划局在研制北极星导弹潜艇过程中，由于其工作任务达 3000 多项，参与的厂商达 11000 多家，为了有条不紊地实施如此复杂的工作，特别规划局领导人 W. Fazar 积极支持与推广由专门小组创建的计划评审技术（Program Evaluation and Technique，PERT），结果研制计划提前完成。

CPM 与 PERT 两种方法实质上大同小异。CPM 在民用企业与 PERT 在军事工业中的显著成效，自然引起了世界各国的重视，得到了普遍的推广。人们把 CPM 与 PERT 及其他类似方法统称为网络计划技术，简称网络技术或网络方法。网络计划技术最适用于大规模工程项目，在项目繁多复杂的情况下，网络计划可以大显身手。

网络计划技术的基本原理是把工程（任务）作为一个系统加以处理的，是一种系统管理技术。其基本原理是：在系统既定的总目标下，对各项具体工作（工序）进行统筹兼顾，合理安排各工序的逻辑程序，对整个系统进行计划协调和控制，以期有效地利用时间、人力和物力等资源，完成系统的预定目标。

1962 年，我国科学家钱学森首先将网络计划技术引进国内。1963 年，在研究国防科研系统 SI 屯电子计算机的过程中，采用了网络计划技术，使研制任务提前完成，计算机的性能稳定可靠。

1965 年，我国数学家华罗庚教授开始介绍这些方法，终于使这一科学的管理技术在中国生根发芽、开花结果，鉴于这类方法共同具有"统筹兼顾、合理安排"的特点，并称为统筹法。统筹法是统筹图和较简单的计算方法来反映整个工程的全貌的，统筹法的实质性内容都可以在统筹图上得到反映。它是以网络图反映、表达计划安排，以选择最优工作方案,组织协调和控制生产(项目)的进度(时间)与费用(成本),使其达到预定目标,获得更佳经济效益的一种优化决策方法。统筹法的基本思路是:运用网络形式来表示一项计划的各种工作的先后次序和相互关系,通过计算找出计划中的关键工作和关键路线,通过不断改善网络计划,选择最优方案,并付诸实施,并在计划执行过程中,进行有效的控制监督,保证合理地使用人力、物力、财力,多快好省地完成任务。

在航空维修管理中,凡涉及有多人(单位)参加、由多个相互关联的工序组成的工作,如大到航空装备的大修、中修、定期检修和转场保障,小到各种飞行机务准备,都有一个统筹全局、合理安排工作秩序问题,都可以运用计划统筹技术进行计划和组织,达到用最短的时间、最低的消耗完成预定的维修任务,《空军航空维修一线管理细则》明确规定修理厂定期检修工作要用统筹法组织实施。

4.3.2 统筹图及其结构

任何一项工程总是由许多工序组成的。如果每个工序用一根箭杆表示,把代表各个工序的箭杆,按照工序间的相互制约、相互联系关系,从左至右进行逻辑排列,可以得出一张工序的流程图,就是统筹图。图4-3所示为某工程的统筹图。

统筹图由工序、节点、路线3个基本要素组成。

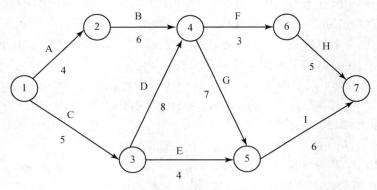

图4-3 某工程的统筹图

4.3.2.1 工序

工序指的是一项有具体内容和需要一定的人力、物力和时间完成的活动。它可以是一项简单的工作(如取下飞机蒙布),也可以是一项综合性的工作(如拆卸机身后段)。

工序用箭杆(——➤)表示。箭杆的方向均应从左向右,不得反向,以正确反映工程从头至尾地进行。箭杆的上方通常标注工序的名称或代号,下方标注工序所需时间,也称为持续时间。工序时间也有用专门的时间标尺来表示的。

工序按逻辑顺序分为紧前工序、紧后工序、平行工序和交叉工序。紧前工序是指紧贴某工序的前一道工序。紧后工序是指紧贴某工序的后一道工序。平行工序是指几道互不影响、可以同时开工的工序。某些工序之间存在衔接关系,但又不是非等上道工序全部完工才允许开始下道工序,而是在上道工序完成一部分后即允许开始下道工序,使两道工序称为交叉工序。图4-3中,*B*是*F*与*G*的紧前工序,*G*是*B*与*D*的紧后工序,*A*与*C*是平行工序等。

工序按虚实分为实工序和虚工序。虚工序是虚设的,既不消耗资源,又不占用时间(也称为零工序),通过这一虚设的工序可以正确表明工序之间的相互依存的逻辑关系,它可消除工序之间含混不清的现象。虚工序用虚箭杆(-----►)表示。

4.3.2.2 节点

工序箭杆的两个端点称为节点,用○表示。节点是指作业开始或结束的瞬间状态,它不消耗资源、时间,只表示接触时间的点。除了整个工程的起点和终点外,所有节点都应该是工序的连接点,它既可表示紧前工序到此已经结束,又可表示后续工序在此即可开工。节点○内应注有编号。统筹图中的工序也可以用箭杆两端的节点编号来表示,例如,图 4-3 中工序 A 可以表示为工序(1,2)。

按节点在统筹图中排列的顺序可以分为起始节点、中间节点和最终节点。起始节点是统筹图里开始的那个节点,表示一项计划的开始。起始节点只能有一个。中间节点是位于中间位置的节点,既表示紧前作业的结束,又表示紧后作业的开始。中间节点可以有多个。最终节点是统筹图里结束的那个节点,表示一项计划的结束。最终节点只能有一个。

4.3.2.3 路线

路线是指从工程起点,沿着箭头方向从左到右连续不断地到达工程终点的一条道路。在一个统筹图中往往存在多条路线。

该统筹图 4-3 共有 5 条路线,分别如下:

L_1:①→②→④→⑥→⑦;

L_2:①→②→④→⑤→⑦;

L_3:①→③→④→⑥→⑦;

L_4:①→③→④→⑤→⑦;

L_5:①→③→⑤→⑦。

一条路线上各工序的持续时间的和称为此路线的持续时间或长度。例如,L_1 的长度为 18,L_2 的长度为 23。

在统筹图所有路线中,持续时间最长的路线称为关键路线。图 4-3 中的关键路线为 L_4。

统筹图中持续时间最长的路线称为关键路线。关键路线决定了工程的工期。关键路线上的任一工序(称为关键工序)的提前和推迟,直接影响到整个工期的提前和推迟。统筹法就是向关键路线要时间,向非关键路线要资源,以达到预期目标的最优的方法。因此,编制统筹图时应尽力找出关键路线,作为工程管理的重点,并使参加工程的单位(个人)了解全局,树立全局观念,明确各自在全局中的位置,更好地发挥各自的积极性。

为了区别,关键路线上的关键工序用粗箭杆或红色箭杆表示。如图 4-3 中的 C、D、G 和 I。

如果一个统筹图上存在多条关键路线,说明计划安排比较紧凑,很少有忙闲不均的现象。但关键路线过多,对计划的质量和管理者的能力要求更高,稍有失误,易于延误工程工期。

通过统筹图和较简单的计算,可以得出:本工程包括多少工序;各工序所需的工作时间;各工序之间的逻辑关系;各工序的时间流程、进度;哪些是对全局有影响的关键工序;

哪些是有机动时间的非关键工序,以及它们的机动时间等。

从统筹图还可以预见到在计划执行过程中各工序完工时间的提前或推迟对整个工程影响的程度。运用统筹图,不仅使计划组织人员便于掌握指挥全局,科学地计划组织,也使每个作业人员了解全局和自己的工作内容、程序,以及与他人之间的协调关系,充分调动和发挥各自的积极性,迅速掌握本职工作。由此可见,统筹图的实质是通过科学的计划组织,使整个工程安排得既紧凑又有秩序,以期在保证质量的前提下,提高效率,缩短工程的工作周期,而不是单纯地追求进度。

4.3.3 统筹图的编制

4.3.3.1 绘制统筹图应遵循的规则

(1)统筹图应包括工程所必需的全部工序,不得遗漏,各工序之间的逻辑关系正确。

(2)节点的编号不得重复,且箭杆箭头的编号必须大于箭尾编号。

(3)两相邻节点之间只允许画一个工序箭杆,以避免在表达工序制约关系上的混乱。

对于不具有前后衔接关系而可以同时进行的两道工序,即使有相同的起点和终点,也应画成图 4-4(a)的式样,而不能画成图 4-4(b)的式样。

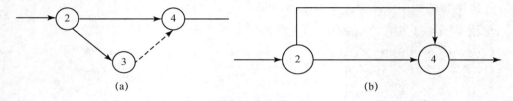

图 4-4　统筹图

(a)正确表示法;(b)错误表示法。

(4)起点、终点的唯一性。

统筹图上的工序具有流程的连续性,因此,在统筹图上不能出现"死胡同",即除了整个工程的结尾工序以外,不允许出现任何一个没有后续工序的工序。

同样的道理,除工程起点以外,不能再有其他的起点。任何工程都只可能有一个起点和一个终点,统筹图除一头一尾以外,不允许出现没有紧前工序和后续工序的节点,否则,易使人认为整个工程有多个起点和终点,在计算整个工程的进度时易于造成混乱。

(5)统筹图是有向的,不允许出现"闭合环路"。任何工程总是从起点逐步走向终点,决不可能出现工序之间的循环反复,使工程永无完成之日。

(6)尽量避免箭杆交叉,使画面清晰,减少差错的发生。

4.3.3.2 常用工序逻辑关系画法示例

(1)工序 A、B 同时开始:

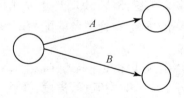

（2）工序 B 在工序 A 结束后开始：

（3）工序 D、K 都是最后一项工序：

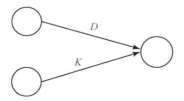

（4）工序 C、E 都在工序 B 结束后开始：

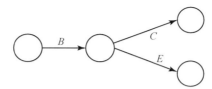

（5）工序 C 在工序 A、B 都结束后开始：

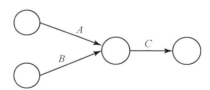

（6）工序 B 在工序 A 结束后开始，工序 E 在工序 A、H 都结束后开始：

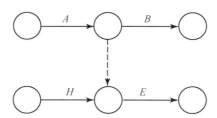

（7）工序 A、B、C 完成后进行工序 D，工序 C 完成后进行工序 E：

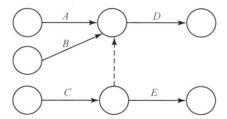

（8）工序 A、B 均完成后进行工序 C，工序 B、工序 D 均完成后进行工序 E：

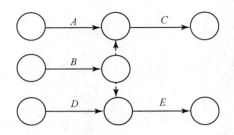

4.3.3.3 统筹图的绘制基本步骤和方法

（1）工程（任务）的分解和分析。工程分解和分析的主要任务是：正确地将工程分解为若干工序，分析各工序之间的逻辑关系，估计出各工序的工序时间，最后将分解和分析结果列出工序一览表。

工程分解和分析是一项深入细致的工作，分解后的每道工序都应明确具体，各工序分工明确、关系清楚，特别要把有前后衔接关系的工序分开，由不同专业、单位执行的工序分开，用不同设备或不同方法的工序分开。在航空维修管理中，还要特别注意各专业都在同一架飞机上工作这一特点，有些部位例如座舱，各专业都要用，因此在划分工序时要把座舱使用按不同专业分为不同工序，并运用逻辑分析，合理安排各专业使用座舱的顺序和时间。

工程分解（划分工序）应根据不同的对象而定。对领导机关，可以分解得粗一些；对基层作业单位，则应分解得细一些、具体一些，以便有效地计划组织维修作业。

确定工序时间应本着质量第一的观点和留有余地的原则。确定的工序时间应是在确保维修质量前提下的合理时间。主观地毫无把握地降低工序时间，只会降低统筹图的有效性和真实性，使统筹图徒有虚名而失去使用价值。

（2）按规则绘制统筹图。根据工序一览表从第一道工序开始，按工序之间的关系从左到右画出路线图，并在图上标出节点编号、工序名称或代号（如代号采用箭杆两端节点编号则不必标注）、工序时间，就得到一张统筹图。

（3）检查调整布局。检查逻辑关系有无错误、是否存在闭合回路、工序有无遗漏重复、有无多余的节点。在拟制大型工程或大范围作战保障计划时，经常是由各下级单位画出局部统筹图，然后把他们合并成总体统筹图。

统筹图的布局主要有自由式统筹图、以关键路线为轴线的统筹图和带时间标尺的统筹图3种形式。

（4）进行编号注记。

（5）通过时间参数计算，找出关键路线，计算出工程工期。

（6）统筹图调整优化。

找出关键路线和实现统筹图最优化，是编制统筹图的两个重要环节。一般来说，最初作出的统筹图都不尽完善，必须加以调整修正，尽可能实现统筹图最优化，以期利用现有人力物力在保证工程质量的前提下尽可能缩短工期。

4.3.3.4 统筹法在航空维修管理中的应用举例

例1 绘制某型飞机直接机务准备统筹图。

1）工程的分解与分析

调查分析结果如下。该型飞机直接机务准备的主要工作项目及各项工作所需时间如表4-1所列。

各项工作之间的关系为：装挂外挂物和加油的关系为必须先装挂外挂物，再加油；加油与充氧、通电之间的关系为加油时不准通电、充氧，充氧时也不允许加油、通电；数据装订，需要通电，即加油和充氧不能与数据装订同时进行；加装任务系统，必须在除调整导航系统外的各项工作完成后进行；对于调整导航系统，该项工作完成后，不能在飞机上再进行上述任何一项直接机务准备工作，即该项工作必须安排在最后进行。

根据分解与分析结果，列出工序一览表如表4-1所列。

表4-1 某型飞机直接机务准备工序一览表

工序代号	工序名称	紧前工序代号	工序时间
A	飞行前检查	—	30
B	装挂外挂物	—	10
C	数据装订	—	5
D	充气	A	5
E	加油	B、C	20
F	充氧	D、E	5
G	加装任务系统	F	40
H	调整导航系统	G	8

2）绘制统筹图

根据工序一览表，按照规则绘制直接机务准备统筹图，并调整统筹图布局和编号注记。得到的统筹图如图4-5所示。

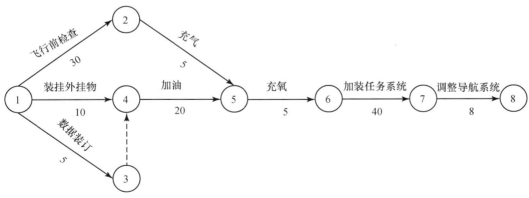

图4-5 某型飞机直接机务准备统筹图

4.3.3.5 统筹图的参数计算

1）节点最早开始时间

节点最早开始时间表示由该节点引出的工序最早能在整个任务开始多长时间后才

能开始,即在这之前是不能开始,用 $T_E(j)$ 表示。每个节点的最早开始时间实际上都是该节点的所有先行路线(从始点到该节点的线路)中最长的持续时间,即

$$T_E(j) = \max\{T_E(i) + t(i,j)\}, j = 1, 2, \cdots, n$$

式中:$T_E(i)$ 为箭尾节点的最早完成时间;$t(i,j)$ 为工序时间。

例如,对于图4-5所示各项机务准备工作,$T_E(1) = 0$,$T_E(2) = \max\{0+30\} = 30$,$T_E(3) = \max\{0+5\} = 5$。

2)节点最迟完成时间

节点最迟完成时间,是在不耽误总工期的前提下,进入该节点的工序最迟必须结束的时间,用 $T_L(i)$ 表示。显然,终点的最迟完成时间为总工期。计算从终点开始,从右向左计算,至始点为止,即

$$T_L(i) = \min\{T_L(j) - t(i,j)\}, j = n-1, n-2, \cdots, 1$$

式中:$T_L(j)$ 为箭头节点的最迟完成时间。

例如,对于图4-5所示各项机务准备工作,$T_L(8) = 88$,$T_L(7) = 88 - 8 = 80$,$T_L(1) = \min\{30-30, 15-10, 15-5\} = 0$。标注各节点参数后,如图4-6所示。

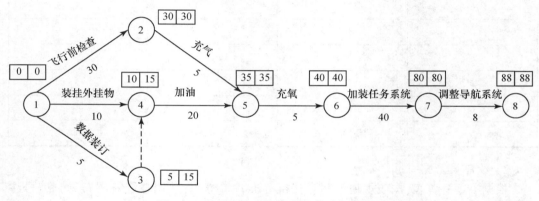

图4-6 某型飞机直接机务准备时间参数图

3)节点机动时间

节点机动时间等于节点最迟完成时间与最早开始时间的差,用 $R(j)$ 表示为

$$R(j) = T_L(j) - T_E(j)$$

机动时间为零的节点称为关键点,把关键点连接起来,线路最长的即关键路线。如图4-6中,节点①②⑤⑥⑦⑧为关键点,连接起来构成关键路线。

4)工序最早开始时间

工序最早开始时间等于箭尾节点的最早开始时间,用 $t_{ES}(i,j)$ 表示为

$$t_{ES}(i,j) = T_E(i)$$

5)工序最迟完成时间

工序最迟完成时间是指在不耽误总工期的情况下,各项工序最迟必须完成的时间,等于箭头节点的最迟完成时间,用 $t_{LF}(i,j)$ 表示为

$$t_{LF}(i,j) = T_L(j)$$

4.3.3.6 统筹图调整优化

通过绘制统筹图、计算时间参数和确定关键路线,可以得到一个初始的保障计划方

案。统筹法的核心在于对初始保障计划方案进行调整和改善,直至得到最优的保障计划方案。由于对具体保障工作的要求不同,对统筹图进行调整优化的重点和方法也有所不同。本书主要讨论针对统筹图的时间优化和资源优化。

1)时间优化

统筹图的时间优化是指在现有保障资源条件下,尽可能缩短完成任务的总时间。由于完成任务的总时间取决于关键路线的长短,所以,统筹图的时间优化是以缩短关键路线的持续时间为中心展开的,其主要方法和措施如下。

(1)提高关键路线上各项工作的效率。采取有效措施,减低关键路线上有关工序的工作量;提高保障人员的业务技术水平,直接降低完成关键路线上相关工序所需的时间等。对于例1,通过上述措施,假设将加装任务系统工作时间从 40 缩短为 35,则该型飞机直接机务准备时间(总工期)将缩短为 83。

(2)改进工作组织方式。将关键路线上原来串行的相关工作调整为并行或交叉进行。例如,对于图 4-6,充气和充氧是串行安排的,在不违反相关保障规定的情况下,将其改成并行工作,重新计算各节点时间参数,该型飞机直接机务准备时间将又缩短 5,变为78。调整后的该型飞机直接机务准备统筹图如图 4-7 所示。

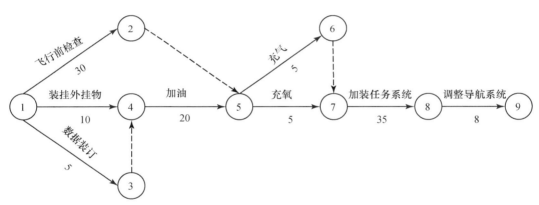

图 4-7　调整后的某型飞机直接机务准备统筹图

经过调整后,统筹图中就有 4 条关键路线:

L_1:①→②→⑤→⑥→⑦→⑧→⑨;

L_2:①→②→⑤→⑦→⑧→⑨;

L_3:①→④→⑤→⑥→⑦→⑧→⑨;

L_4:①→④→⑤→⑦→⑧→⑨。

(3)非关键工序保障资源支援关键工序。在非关键工序可机动的时间范围内,减少非关键工序的保障资源(人力、物力等)需要量,将富余的保障资源支援关键工序,达到缩短关键路线持续时间的目的。

2)资源优化

资源优化是指在客观条件允许的情况下,合理地安排各项工作进度,进而合理地分配和使用保障资源,有效地解决资源需求矛盾,确保整个保障任务顺利完成而进行的优化工作。资源优化通常有两种不同的目标:一是在保障资源有限的情况下,合理地使用资源,力求任务工期最短,称为"有限资源的合理分配";二是在限定工期的情况下,合理地安排各项工作进度,实现资源的均衡利用,称为"规定工期的资源均衡"。

（1）资源优化基本方法。

资源优化是一个十分复杂的问题,其基本方法是:在各项工序机动时间允许的范围内,推迟部分非关键工序的开始时间和延长部分非关键工序的持续时间,解决非关键工序与关键工序争夺资源的矛盾,充分发挥有限资源的作用,从而达到目标。

（2）资源优化中应注意的问题。

① 优先保障关键工序的资源需求。

② 优先保障已经开始而又不允许中断的工序的资源需求。

③ 优先保障机动时间少的工序的资源需求。

④ 优先保障资源需求量大的工序的资源需求。

⑤ 在工序机动时间相等的情况下,优先保障单位时间资源需求量（称资源强度）大的工序的资源需求。

⑥ 任何情况下,整个任务的资源需求量均不能超出保障能力。

⑦ 资源调整优化应从前向后进行。

（3）资源优化的一般步骤。

第一步,绘制统筹图,计算统筹图时间参数,确定关键路线。

第二步,绘制工序进度横道图。

第三步,计算每项工序的单位时间资源需求量。

第四步,计算单位时间同时进行的工序的资源需求总量,并求出与限额资源拥有量之差。

第五步,利用工序机动时间,合理分配资源,进行资源调整优化。

例2　某部现有某型运输车50台,要求在8月1日—8月17日的17天内,采用该型运输车,完成相关机动转场人员及物资的运输任务。根据任务要求,该部绘制该项任务统筹图如图4-8所示。图中工序名称下括号内的标注表示完成该项工序所需车日数。试根据给出条件,在不变更图4-8中各项工序之间相互关系的情况下,进行资源调整优化。

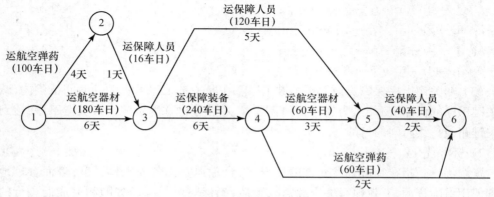

图4-8　机动转场运输统筹图

（1）计算时间参数,确定关键路线。

计算各节点的最早开始时间和最迟完成时间,分别标注在统筹图上;确定关键路线为①→③→④→⑤→⑥,总工期为 17 天,具体如图 4-9 所示。

（2）绘制工作进度横道图。

根据图 4-9 所反映出来的工序之间的先后关系,绘制工序进度横道图如图 4-10 所示。其中,每项工序在工作进度横道图上,横道线开始于该工序的最早开始时间,结束于最迟完成时间。

图 4-10 中,分别用粗线段、虚线段表示关键工序、非关键工序。从图 4-10 可以很清楚地看出在工作进度的任一时段上有多少个工序同时进行着,从而也可得知每天有多少个工序在消耗(或使用)着资源。

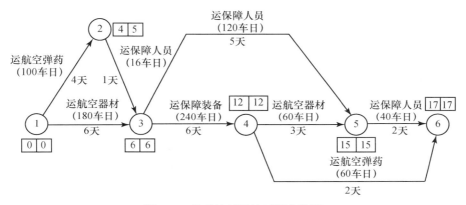

图 4-9　机动转场运输时间参数图

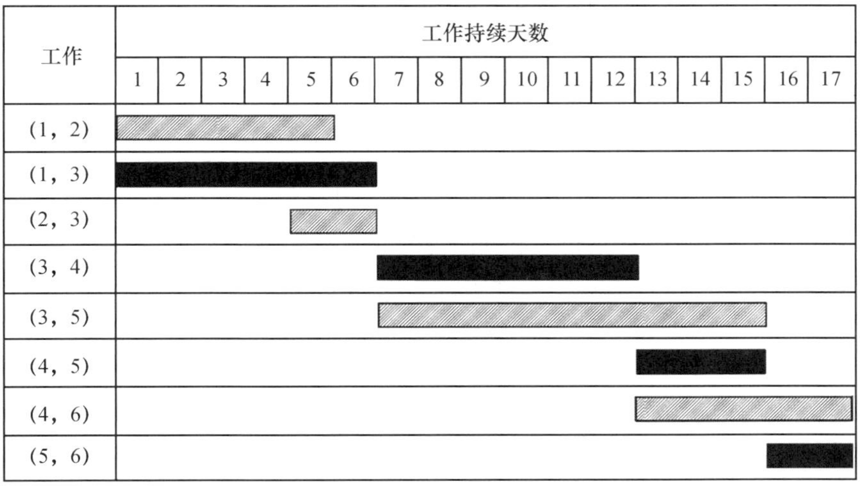

工作	工作持续天数																
	1	2	3	4	5	6	7	8	9	10	11	12	13	14	15	16	17
(1, 2)																	
(1, 3)																	
(2, 3)																	
(3, 4)																	
(3, 5)																	
(4, 5)																	
(4, 6)																	
(5, 6)																	

图 4-10　工作进度横道图

（3）计算出每项工序的单位时间资源需求量。

计算方法是:每项工序所需车日数除以该工序的计划(持续)时间。例如,非关键工序(1,2)的单位时间资源需求量为

100 车日/4 天＝25 车日/天

（4）计算单位时间同时进行的工序的资源需求总量。

将整个任务期间每天同时进行的工序的单位时间资源需求量相加，便得到 17 天内每天需要使用的车辆台数。计算得，用车最多时每天需要 64 台，超过每天 50 台的保障能力；用车少时每天只需要 20 台。可见，如果不进行资源调整优化，该项任务将无法按计划完成。

（5）进行资源调整优化。

利用工序各项工序机动时间，进行资源调整优化，使整个任务期间每天用车不超过 50 台。因为关键工序在时间、运输车辆的使用上没有机动的余地，所以为了保证按期完成运输任务，关键工序的持续时间及每天所使用的车辆台数保持不变。分析非关键工序与关键工序争用资源的情况，找出每天用车台数不均衡的原因，合理分配资源。

从图 4-10 可以看出，共有 4 项可以利用的非关键工序。由前向后分 4 部分进行运输车辆的调整优化。

关键工序（1,3），从 8 月 1 日开始至 8 月 6 日结束，共 6 天时间，每天用车 30 台，必须给予优先保障。为了使该 6 天内的每天的用车不超过 50 台，8 月 1 日至 8 月 6 日，每天分配给非关键工序（1,2）、（2,3）的车辆台数不能超过 20 台。为此，将非关键工序（1,2）的持续时间由原来的 4 天延长到 5 天，使其每天所需的车辆台数由原来的 25 台减少为 20 台，为此，相应的非关键工序（2,3）必须向后推迟一天开始。经过这样调整，即可解决非关键工序（1,2）、（2,3）与关键工序（1,3）争用车辆的矛盾，从而达到资源调整优化的要求。

关键工序（3,4），从 8 月 7 日开始至 8 月 12 日结束，共 6 天时间，每天用车 40 台，必须给予优先保障。这就决定了在此期间非关键工序（3,5）每天只能用 10 台车，因为非关键工序（3,5）有 4 天机动时间，所以使用其 3 天的机动时间，将其由原来的 5 天延长到 8 天结束，并且前 6 天每天用车 10 台，后两天每天用车 30 台。经过这样调整，即可解决非关键工序（3,5）与关键工序（3,4）争用车辆的矛盾。

关键工序（4,5），从 8 月 13 日开始至 8 月 15 日结束，共 3 天时间，每天用车 20 台，必须给予优先保障。这就决定了在此期间内非关键工序（3,5）和（4,6）的用车台数之和不能超过 30 台。由于在此期间前两天内非关键工序（3,5）每天用车就已达 30 台，所以必须将非关键工序（4,6）向后推迟两天开始。这样，即可解决这个时间段内各项工序争用车辆的矛盾。

关键工序（5,6），从 8 月 16 日开始至 8 月 17 日结束，共 2 天时间，每天用车 20 台，必须给予优先保障。由于前面已将非关键工序（4,6）的开始时间推迟了两天，所以 8 月 16 日这天除了关键工序（5,6）用车 20 台外，非关键工序（4,6）还需用车 30 台，但这两项工序用车台数之和并没有超过 50 台。

最后，计算调整后的整个任务期间内单位时间资源需求总量，调整优化后每天需用车台数不超过现有每天的运输能力，并能保证按期完成转场人员和物资的运输任务。经过调整后的工作进度横道图如图 4-11 所示。

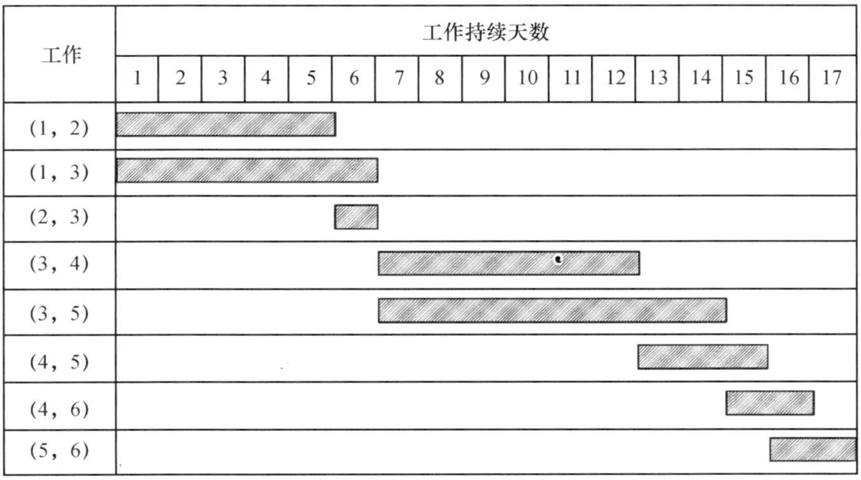

工作	工作持续天数																
	1	2	3	4	5	6	7	8	9	10	11	12	13	14	15	16	17
(1, 2)																	
(1, 3)																	
(2, 3)																	
(3, 4)																	
(3, 5)																	
(4, 5)																	
(4, 6)																	
(5, 6)																	

图 4-11　调整后的工作进度横道图

小　结

本章阐述了航空维修计划管理的相关内容,介绍了计划的概念和作用、航空维修计划管理的内容,着重介绍了航空维修计划统筹技术以及统筹图的结构、编制和优化调整等多项内容。

思 考 题

1. 航空维修计划的必要性体现在哪些方面?
2. 什么是航空维修计划? 航空维修计划管理的基本任务有哪些?
3. 简述航空维修计划管理的基本原则。
4. 简述计划的分类。
5. 什么是滚动计划法? 简述其基本过程。
6. 统筹图的优化为什么是"向关键路线要时间,向非关键路线要资源"?

第 5 章　航空维修质量管理

航空维修是一项复杂的实践活动,维修质量管理贯穿于维修活动的全过程。数十年来的维修实践总结出一条基本经验:维修质量管理是航空维修管理的核心。在新的形势下,科学技术的发展和航空装备的更新,对航空维修质量提出了更高的要求,因此,深入学习全面质量管理的理论和方法,对增强全体航空维修人员的质量意识、提高航空维修工作质量,具有十分重要的意义。

5.1　航空维修质量管理理论

5.1.1　相关概念

5.1.1.1　质量
1) 质量的定义

质量(Quality)是质量管理学的研究对象,其内涵极其丰富,并且随着社会经济的发展,质量的含义也得以不断充实和拓展。历史上,关于质量的定义,主要有以下几种观点:美国质量管理学者克劳士比(P. B. Crosby)将质量定义为:质量就是合乎标准。美国著名的质量管理专家朱兰(J. M. Juran)博士从顾客的角度出发,提出了产品质量就是产品的适用性,即产品在使用时能成功地满足用户需要的程度。用户对产品的基本要求就是适用,适用性恰如其分地表达了质量的内涵。美国著名质量管理专家格鲁科克(J. M. Groocock)指出,质量是指产品所有相关特性和特性符合用户需求的程度,用户需求受到他们愿意接受的价格、交货时间、交货方式等因素所限制。美国著名的质量管理专家、全面质量控制之父费根堡姆(A. V. Feigenbaum)认为,产品或服务质量是指营销、设计、制造、维修中各种特性的综合体。借助这一综合体,产品和服务在使用中就能满足顾客的期望。衡量质量的主要目的就在于确定和评价产品或服务接近于这一综合体的程度或水平。日本著名的质量管理专家田口玄一(Genichi Taguchi)对质量下的定义是:产品从装运之日起,直到使用寿命完结止,给社会带来损失的程度。换言之,质量是用产品出厂后带给社会的损失大小来衡量的。

国际标准化组织(ISO)在 ISO9000:2015 标准中,把质量定义为一组固有特性满足要求的程度。这一定义可从以下几个方面来理解。

(1) 质量是以产品、体系或过程作为载体的。定义中"固有"是指在某事或某物中本来就有的,尤其是那种永久的特性。"特性"是指可区分的特征,它可以是固有的或赋予的、定性的或定量的。特性有多种类型,如物理的、感官的、行为的、时间的、人体功效的、功能的等。

（2）定义中的"要求"是指明示的、通常隐含的或必须履行的需求或期望。通常"隐含的"是指组织、顾客和其他相关方的惯例或一般做法，所考虑的需求或期望是不言而喻的。特定要求可使用修饰词表示，如产品要求、质量管理要求、顾客要求；规定要求是经明示的要求，需要在文件中予以阐明；要求可由不同的相关方提出。

（3）质量是名词。质量本身并不反映一组固有特性满足顾客和其他相关方要求的能力的程度。所以，产品、体系或过程质量的差异要用形容词加以修饰，如质量好或质量差等。

（4）顾客和其他相关方对产品、体系或过程的质量要求是动态的、发展的和相对的。它随着时间、地点、环境的变化而变化。所以，应定期对质量进行评审，按照变化的需要和期望，相应地改进产品、体系或过程的质量，才能确保持续地满足顾客和其他相关方的要求。

2）质量的分类

随着社会生产的发展和管理水平的提高，质量也从狭义的概念发展到广义的概念。广义的质量，不仅指产品质量，还包括工作质量等。我们可以把质量按照实体的不同进行分类，即产品质量、工作质量、服务质量和过程质量等。

（1）产品质量。根据质量的定义，产品质量（Product Quality）可以理解为"产品满足规定需要和潜在需要能力的特征和特性的总和"。无论简单产品还是复杂产品，都应当用产品的质量特性和特征进行描述，产品的质量特性依产品的特点而各不相同，归纳起来通常包括以下几个方面：性能（Function）、寿命（Life）、可靠性与维修性（Reliability and Maintainability）、安全性（Safety）、适应性（Adaptability）、经济性（Economy）。

（2）服务质量。服务质量（Service Quality）是指服务行业各项活动或工业产品的销售和售后服务活动，满足规定需要和潜在需要的特征和特性的总和。服务行业包括交通运输、邮电、商业、金融、旅游、饮食、医疗、文化娱乐等行业，其产品是无形的，服务质量往往取决于服务的技能、态度、及时性等，具体概括为 6 个方面：功能性（Function）、经济性（Economy）、安全可靠性（Safety Reliability）、时间性（Time Service）、舒适性（Comfortability）和文明性（Civility）。

（3）过程质量。过程质量（Processes Quality）是指过程满足规定需要或潜在需要的特征和特性的总和，也可以说是过程的条件与活动满足要求的程度。其质量特性包括设计过程质量、制造过程质量、使用过程质量和服务过程质量。

（4）工作质量。工作质量（Working Quality）是指与质量有关的各项工作，对产品质量、服务质量的保证程度。这里所提到的与质量有关的工作主要包括管理工作、技术工作。工作质量涉及各个部门、各个岗位工作的有效性，决定着产品质量和服务质量。工作质量又取决于人的素质，包括工作人员的质量意识、责任心、业务水平等，其中管理层的工作质量起主导地位，对工作质量起到保证和落实的作用。

其中过程质量是由过程和活动来保证的，它包括设计、制造、使用和服务过程，对产品质量和服务质量而言，设计制造过程决定了产品的性能、寿命、可靠性、维修性、安全性和经济性，服务过程决定了产品的服务质量，因此我们可以说过程质量决定了产品质量和服务质量。工作质量是对产品质量和服务质量的保证。反过来，产品质量和服务质量又是过程质量和工作质量的具体体现。

5.1.1.2　航空维修质量

1）航空维修质量的定义

根据国际标准化组织（ISO）关于质量的定义，我们可以对航空维修质量（Aviation Maintenance Quality）定义为：航空维修组织在对维修对象航空器及其系统和部件实施的维修活动满足航空器运行安全性、准时性、经济性、舒适性需要的能力的特性总和。

《空军航空工程词典》中对航空维修质量的定义为：通过维护和修理，所达到的装备性能、寿命、可靠性、安全性和外观的质量。

通过以上论述，我们可以知道航空维修质量是通过对航空装备（飞机、发动机、机载设备及部件等）实施的维修活动（包括维护和修理等），以使其满足各种要求（包括性能、可靠性、安全性等）。

航空维修质量是航空维修质量管理的综合反映，既包括航空装备的维修质量，又包括维修工作质量。

（1）航空装备的维修质量。航空装备的维修质量是指维修所达到的保持和恢复航空装备固有特性水平，表示的是维修结果的质量。其衡量标准是所维修的航空装备在规定的使用条件下固有功能的实现程度，表现形式有 3 种：一是保证航空技术装备的合理使用和正确维修；二是保证装备最大限度地处于良好状态；三是保证飞行安全和作战训练任务的圆满完成。其中，前两条体现了维修质量的符合性要求，第三条体现了维修质量的适用性要求，因此是最主要的质量属性。航空装备的维修质量虽有多种表现形式，但集中反映在航空装备使用过程中是否发生故障。

（2）维修工作质量。维修工作质量是为了保证和提高维修过程质量所开展工作的优劣，如领导工作质量、检查工作质量、保养工作质量、修理工作质量、检验工作质量、信息反馈工作质量等，反映了所做工作对保证和提高维修过程质量所起作用的性质和水平，其中最为重要的、起决定作用的是领导工作质量。

（3）航空装备的维修质量和维修工作质量二者的关系。航空装备的维修质量和维修工作质量既有区别，又密切相关。航空装备的维修质量由维修工作质量来决定和保证，而维修工作质量又是由航空装备的维修质量来检验和衡量的。因此，维修工作质量是航空维修质量管理的主要方面。航空维修全面质量管理主要就是通过管理维修工作质量来管理维修质量，控制维修工作质量来控制航空装备的维修质量，提高维修工作质量来提高航空装备的维修质量。

2）航空维修质量的波动性

在长期维修实践和管理过程中，人们发现装备维修质量存在波动性，即同一型号不同装备的质量可能不同，同一装备不同时期的质量也有差异。因此，只有掌握了维修质量波动的客观规律，才能对维修质量实施有效的管理。维修质量波动性的原因可从来源和性质两个不同的角度分析。

（1）从航空维修质量波动性的来源分析。维修工作的质量问题受很多因素的影响，归结起来主要有 6 种原因：材料（Material）、装备（Machine）、方法（Method）、操作者（Man）、测量（Measure）和环境（Environment），简称"5M1E"。其中：材料主要指材料的成分、物理性能和化学性能差异等；装备主要指装备型号、批次、技术状态的差异和不同等；

方法主要指维护或保养不当,或者使用、维修人员的操作不当等;操作者主要指技术水平的差异,熟练程度、工作态度、身体条件和心理素质的不同等;测量主要指测量设备落后、检测方法错误、试验手段落后,不能保证质量性能指标的统一和稳定等;环境主要指维修环境,包括温度、湿度、亮度、清洁条件,以及装备作战使用环境等。这 6 种因素中的任何一种变化,都能导致维修质量产生波动。

(2) 从航空维修质量波动性的性质分析。引起航空维修质量波动的原因按性质分,主要有偶然性原因和系统性原因两类。

偶然性原因是指诸如维修工具的正常磨损,操作或维修人员细微的不稳定性等原因,他们的出现是随机性因素造成的,不易识别和测量。由于随机因素不可避免,经常存在,是一种经常起作用的无规律的原因,所以偶然性原因也称为随机性原因或正常原因。

系统性原因是指诸如维修工具的严重磨损,装备不正确调整,操作或维修人员偏离操作或维修规程、标准等原因。由于这一类原因容易被发现和控制,采取措施后容易消除,因此是可以避免,但也是不允许存在的,所以系统性原因也称为异常原因。

由偶然性原因所造成质量波动称为正常波动,此时,维修过程处于维修管理正常可控制状态;异常原因所造成质量波动称为异常波动,此时,维修过程处于异常不可控制状态,需要加强维修过程管理与控制。当维修过程处于控制状态时,维修数据具有统计规律性,而处于非控制状态时,这种统计规律性就受到破坏。因此,维修质量控制的重要任务之一就是要分析维修质量特性数据的规律性,从中发现异常数据并追查原因,消除异常因素,把重点从"事后把关"转移到"过程控制"上来,减少或预防故障与事故的发生。

5.1.1.3　航空维修质量管理

(1) 维修质量管理(Maintenance Quality Management),就是为制定和达到装备及其维修质量标准所采取的管理技术、手段及其相应的管理过程。作为特殊产品的航空装备,其质量管理同样也伴随着生产力的发展和科技的进步,历经了从单纯的事后检验把关,到以预防为主的全面质量管理发展阶段。

(2) 航空维修质量管理(Aviation Maintenance Quality Management),是指航空维修质量形成全过程的所有管理活动,通常包括制定质量方针和质量目标以及质量策划、质量控制、质量保证和质量改进等活动。航空维修质量管理不仅具有管理的普遍特点,还具有航空维修质量方面的特殊性。

5.1.2　全面质量管理理论

5.1.2.1　全面质量管理的概念

全面质量管理最早是 1961 年由时任美国通用电器公司质量管理部部长费根堡姆(A. V. Feigenbaum)博士提出的,是指一个组织以质量为中心,以全员参与为基础,目的在于通过让顾客和本组织所有成员满意及社会收益最大化而达到长期成功的管理途径。全面质量管理是全过程的管理,从顾客的需求开始,一直到设计、生产和销售出满足客户需要的产品等整个过程;是全员参与的质量管理方式,它要所有人员进行质量的预防和保证;是对全面质量的管理,包括从产品的设计、开发,一直到产品售后服务期间的所有方面。它有 3 个重要观点，即"产品质量不是检验出来的，而是在生产过程中产生出来的""产品质量受生产链影响，质量责任可推广到生产领域以外""质量应当通过预防而不是检查得以实现"。在国际上，对全面质量管理较规范的称呼是 TQM（Total Quality Management）和 TQC（Total Quality Control），目前使用最广泛的是 TQM。

5.1.2.2　全面质量管理的基本思想

1）用户第一的思想

真正好的质量是用户完全满意的质量。事实上，符合国家、部门或地区规定的质量标准的产品，往往并不是满足用户要求的产品。因此，用户是否满意就成为衡量产品质量好坏的唯一标准。推行全面质量管理，就是要把"一切为用户"作为企业经营管理的出发点，把过去"生产什么就销售什么"转到"用户想要什么就生产什么"，使企业的职工树立为用户服务的思想，生产出用户喜爱的产品。为此，企业必须经常调查，收集用户的意见和要求，不断改进和提高产品质量，增加品种，降低成本，以满足用户日益提高的质量要求。

"下道工序是用户"，这是全面质量管理的基本口号，也是全面质量管理的指导思想。把对用户高度负责的精神应用于生产全过程和工作全过程，把各工序之间、部门之间和工作对象之间都看成是上下工序之间的关系，从而增强了生产者及工作人员的责任心和生产的严肃性，密切了各工序之间的关系，促进了相互协调。凡达不到本工序质量要求的产品或工作都不能交给下一工序，从而使最终工序的质量有了可靠的保证，以确保用户的利益。

2）预防为主、防治结合的思想

质量是在产品设计、生产过程中逐渐形成的，是过程的产物。那种把事后把关、严格质量检查和对出厂产品实行"三包"认为就是质量保证的看法是错误的。这些方法固然重要，但对保证生产出合格产品不能起重要作用。"好的产品是生产出来的，不是检查出来的"，概括地说明了全面质量管理的中心思想。单纯的事后把关，只能发现和剔除不合格品，而不合格品即使被发现，其损失已经造成。全面质量管理强调把整个质量形成过程自始至终地控制起来，要求把管理工作的重点，从"事后把关"转移到"事先预防"上来，从"管结果"变为"管因素"，实行"预防为主"的方针，将不合格品消灭在产品形成过程之中。

应该指出的是，质量虽然是控制出来的，但质量管理永远不能排除质量检查，把检查出来的问题反馈到设计和生产过程中也是必不可少的工作。

3）人人与质量有关的思想

产品质量是由企业每一个人的工作质量决定的。质量管理绝不是企业中某些部门的事，也不是某些领导个人的事，而是整个企业的综合活动。全面质量管理要求每一个职工的工作都要有根据、有秩序、有效率和达到工作质量标准。在企业中，要求对产品有影响的各个部门都有机地协调、统一起来，形成一个不可分割的整体，通过一定的组织形式，使全体人员都置身于这项活动中。提出"质量管理，人人有责"的口号，可以使企业从领导到每一个人，通过不同方式参加质量管理活动，为提高质量作出贡献。

5.1.2.3　全面质量管理的基础工作

全面质量管理的基础性工作是建立质量体系、开展质量管理活动的立足点和依据，它是质量体系有效运转、质量管理活动取得成效的前提和保证。根据国内外经验，开展全面质量管理，应着重做好以下 5 个方面的工作。

1）质量教育培训

全面质量管理是"以质量为中心，以人为本"的管理。因此，开展全面质量管理活动，必须从提高员工的素质抓起，把质量教育作为"第一道工序"。

教育培训泛指提供和开发知识、技术和行为以满足要求的过程。在日常实践中，教育是指致力于介绍新的概念和原理，帮助人转变观念，唤醒意识的学习过程；培训则指那些致力于使员工掌握新的技术、充实某些技巧，或者使个体达到规定的岗位要求的学习过程。

质量教育培训主要包括以下 3 方面的内容。

（1）质量意识教育。内容包括：质量的理念，质量法律、法规，质量责任，质量对组织、员工和社会的意义和作用等。

（2）质量知识培训。如全面质量管理的基本原理、质量管理体系基本知识、质量管理实施推进的方法、质量改进基本知识、常用质量工具方法等。

（3）专业技能培训。技能是指直接为保证和提高产品和服务质量所需的专业技术和操作技能，各岗位人员的技能水平直接影响产品和服务质量。

应针对不同的岗位技能要求，确定培训的具体内容，采用适当的培训方法，不断提高人员的能力。

2）标准化工作

标准是"为在一定的范围内获得最佳秩序，对活动或其结果规定共同的和重复使用的规则、标准或特性文件。该文件经协商一致制定并经一个公认机构的批准"。标准化是"为在一定的范围内获得最佳秩序，对实际的或潜在的问题制定共同和重复使用的规则的活动"。组织开展标准化工作，就是按照标准化的原理，将业务活动中经常重复出现的"事"和"物"用标准的形式统一起来，作为指导业务活动的准则和依据。没有各类标准，就无从进行质量管理。从一定意义上而言，质量管理的过程就是标准化的过程。

3）计量管理

随着科技的发展，计量的内容在不断地扩展和充实，通常可概括为以下 6 个方面：

（1）计量单位与单位制；

（2）计量器具（或测量仪器），包括实现或复现计量单位的计量基准、计量标准与工作计量器具；

（3）量值传递与溯源，包括检定、校准、测试、检验和检测；

（4）物理常量、材料与物质特性的测定；

（5）测量不确定度、数据处理与测量理论及其方法；

（6）计量管理，包括计量保证与计量监督等。

计量的特点可以归纳为准确性、一致性、溯源性和法制性 4 个方面。

4）质量信息管理

质量信息是有关质量方面有意义的数据,是组织经营活动的重要信息和做出决策的主要依据。质量信息管理是对质量信息进行收集、整理、分析、反馈、建档,并加以应用的过程。质量信息管理的主要任务是:①为质量决策提供确切可靠、适时有效的信息。②保证质量信息畅通无阻,以确保质量管理工作正常、有序地进行。③为内部考核和外部质量保证提供依据。④建立质量档案。全面地积累质量数据、资料,分类归档储存,建立质量信息档案,并随时提供利用。

5）质量责任制

建立质量责任制是企业开展全面质量管理的一项基础性工作,也是企业建立质量体系中不可缺少的内容。质量责任制是指企业中形成文件的一种规章制度,它是规定各个职能部门和每个岗位的员工在质量工作中的职责和权限,并与考核奖惩相结合的一种质量管理制度和管理手段。质量责任制是把同质量有关的各项工作和企业全体员工的责任结合起来,从而形成一个严密的质量管理工作系统。为确保质量责任制得到贯彻实施并取得应有的效果,企业在建立健全质量责任制时应注意:①必须明确质量责任制的实质是责、权、利三者的统一,切忌单纯偏重任何一个方面。②要按照不同层次、不同对象、不同业务来制定各部门和各级各类人员的质量责任制。③在制定企业的质量责任制时,要有岗位人员的能力作保证。岗位人员履行的职责要与其具备的能力相适应。④质量责任制的贯彻落实要有必要的培训作支持,在必要时应有相应的操作规程或作业指导书等文件作指导。

5.1.3 航空维修全面质量管理理论

5.1.3.1 航空维修全面质量管理的概念

航空维修全面质量管理(Total Quality Management of Aviation Maintenance)是应用全面质量管理的理论、方法与手段对航空维修质量实施的管理过程与管理体系。按照美国著名质量管理专家菲根堡姆的定义,全面质量管理是一种新型的质量管理模式,它不是一种简单的管理方法,而是一种学说,是一整套管理思想、管理理念、技术手段和科学方法的综合体系,而不只是传统的检测技术或统计分析技术。

航空维修的全面质量管理是根据航空器、系统和部件故障的性质、后果和过程的变化规律以及维修质量的产生、形成和实现的运动规律,以保证飞机最大限度地处于完好状态、作战训练任务的圆满完成和飞行安全为目标,以最经济的手段,运用系统的思想和方法,把航空维修的各阶段、各环节的质量职能组织起来,形成一个既有明确的任务、职责和权限,又能互相协调、互相促进的全过程、全要素和全员参与的质量管理。

5.1.3.2 航空维修全面质量管理的主要特点

航空维修全面质量管理就是把全面质量管理理论、方法与手段,应用于航空维修系统,对航空装备维修质量实施的管理过程和管理体系。因此,航空维修全面质量管理的特点可以概括为"三全一综合"。"三全"是指全方位、全过程、全员参与的管理,"一综合"是指综合性的管理,主要指维修质量管理采用的方法是全面的、多样的。

1）全方位的质量管理

广义的质量除了装备质量之外还包括工作质量,航空维修全面质量管理所指的质量是广义的质量,即不仅是指装备的维修过程质量,而且还包括赖以形成装备各维修质量的工作质量。

全方位质量管理,首先是对质量特性实行全面管理。在评价产品质量时,要衡量其全面质量,除了性能特性外,还包括可靠性、维修性、安全性、经济性等。对航空维修工作而言,除了事故、飞行事故征候、维修差错、故障、完好率等机械责任原因外,还有工时利用、航材消耗、再次出动准备时间、任务延误、修复率等质量要求。其次是对影响产品质量的要素实行全面管理。影响航空维修工作质量的管理要素,除了机务系统内特有的要素外,还有车辆计划、航材计划、场所管理、弹药计划、送修计划、发动机补充等延伸要素。最后,是对组织的管理。不同的层次应有不同的质量管理职责和重点。只有分清职责界限实行全方位管理,才能避免推诿和阻塞。一般来讲,上层管理应侧重于质量决策,中层管理则是实行领导层的决策,进行具体的质量管理,而基层管理则要求严格按标准、规章制度办事,完成具体任务。

2) 全过程的质量管理

任何产品或服务的质量,都有一个产生、形成和实现的过程。要保证产品或服务质量,不仅要搞好生产或作业过程的质量管理,还要搞好设计和使用过程的质量管理。全过程管理体现了以预防为主的管理思想,把管理工作重点从事后把关转移到事前预防上来,变"管结果"为"管因素",把不合格品消灭在其形成过程中,做到"防患于未然"。

装备维修质量与装备质量具有直接关系,装备质量是装备寿命周期过程各种管理和技术活动的综合结果,是一个完整过程所形成的。所以,维修质量和质量一样是设计出来的、生产出来的,而不是靠事后检验得来的。根据这一规律和认识,航空维修全面质量管理要求从维修质量形成的全过程,对设计、生产制造一直到使用和维修保障等各环节来进行有效管理,做到防检结合,以防为主。

3) 全员参与的质量管理

全面质量管理要求参与生产过程的各个环节和各个部门的工作人员都应围绕质量这个中心去完成质量目标所赋予的职能和任务。因此,全面质量管理就成为全员参与的质量管理。全员参加质量管理对航空维修工作有特殊重要性。

维修质量贯穿装备寿命周期全过程,是各种因素相互作用的结果,也是装备寿命周期过程中每一成员工作质量的综合结果。因此,航空维修全面质量管理需要群众性的参与,从管理人员到操作人员,从直接设计、生产人员到使用、维修保障人员,都有一定的维修质量管理职能;同时,由于航空维修工作分散性强,项目任务相对独立,环境条件时常变化,更需要航空维修保障系统所有部门的共同努力,建立以质量管理为中心环节的保障体系,将各部门的工作有机组织起来,使人人必须保证维修质量,人人都在为增强维修质量管理恪尽职守,才能提高整个航空维修质量管理水平。

4) 综合性的质量管理

航空维修全面质量管理的综合性特点是指维修质量管理采用的方法是全面的、多样的,是一个由多种管理技术、方法和手段所组成的综合性的管理体系。航空维修全面质量管理有一套完整的质量保证体系,包括质量管理职能、责任和信息反馈控制制度、质量标准和管理程序等。

目前,在质量管理中广泛使用的各种统计方法是其重要的组成部分。除此之外,还有很多非统计方法。常用的质量管理方法有所谓的老7种工具,即因果图、排列图、直方图、控制图、散点图、分层图、调查表;还有新7种工具,即关联图法、亲和图法、系统图法、矩阵图法、矩阵数据分析法、过程决策程序图法、箭条图法。除了以上方法,还有质量功能展开法(QFD)等。

5.1.3.3　航空维修全面质量管理的基本内容

1)质量计划

质量计划(Quality Plan)是实施质量控制的一个重要手段,是全面质量管理的重要内容。质量计划为质量控制提供预先目标和方案,并且为质量控制提供决策依据和行动规则。质量计划工作开展的好坏,直接影响到质量控制的效果。

2)质量监控

质量监控(Quality Monitoring)是对航空装备质量及维修工作质量的变化情况,特别是对质量特性值下降情况所进行的质量监视工作。质量监控的目的,是在发现质量开始下降时,及时分析引起质量下降的原因,采取措施把引起质量下降的因素控制在适当的范围内,从而使航空装备使用质量与维修工作质量得到控制。

(1)飞机质量状况监控。为了做好质量监视工作,不漏掉任何一个应监视的项目,飞机质量状况检查工作要按规定的检查程序或检查路线进行。

(2)飞机维修工作时限监控。维修工作时限,是指进行预定性维修工作的时限,包括定期检修工作时限、有寿机件更换时限、落实技术通报时限等。飞机达到预定维修工作时限的时期,是一个渐变的工作时间或日历时间的累积过程,而且机件的工作时间与日历时间通常不相匹配,因此要进行监控。

(3)维修保障能力监控。在航空维修系统内部,维修保障能力主要指维修人员构成,维修所需地面设备、车辆等。这些条件影响并制约着维修工作质量,因而必须进行监控。维修人员质量监控,主要包括维修人员实力监控和维修人员技术状况监控。车辆的监控包括机务指挥车以及其他配属机务部队的特种车辆等。仪器设备的监控,包括部队所使用的检验测量仪器设备、监控与诊断仪器设备、地面维修保障设备以及修理工艺装备等。

3)质量检验

质量检验(Quality Inspection)是应用质量标准和质量检查手段对已形成的质量进行质量判定的过程。航空维修质量检验,是指按照有关条令、条例、规程,以及有关技术文件对维修工作规定的具体要求,利用一定的方法和手段,对维修工作实施情况和完成质量进行检测,并将检测结果同该项维修工作的有关标准或要求进行比较,判断该项维修工作质量是否已满足规定的要求,从而把住维修工作质量关。

4)质量教育

质量教育(Quality Education)是推行全面质量管理的中心环节,教育必须先行,质量教育必须贯彻于质量管理的全过程和各个环节中。为使广大维修人员接受、掌握和运用全面质量管理的理论、思想和方法,就必须先在广大维修人员中广泛开展质量教育工作。质量教育工作内容主要包括质量意识的教育、质量管理知识的教育、技术业务知识的教育和质量法规教育等。

5.1.3.4　航空维修全面质量管理的工作程序

1）PDCA 循环

要搞好质量管理,除了要有一个正确的指导思想外,还必须有一定的工作程序和管理方法。在质量管理中,常用的工作程序就是 PDCA 循环,这是全面质量管理的基本工作方法,也是 ISO 9001《质量管理体系要求》标准重点推荐的过程方法。PDCA 循环是由美国质量管理统计学专家戴明(W. E. Deming)于 20 世纪 60 年代初创立的,故也称戴明环。它反映了质量改进和完成各项工作必须经过的 4 个阶段:①计划(Plan)——根据上级提出的任务、目标、原则等制定活动计划;②执行(Do)——按照第一阶段制定的计划,实地去干;③检查(Check)——检查哪些做对了,哪些做错了,把握效果提出问题;④处理(Action)——肯定成功经验,否定错误的设想,即吸取教训,形成新的标准,暂时解决不了的问题和没有发现的问题转入下一个循环处理。

这 4 个阶段不断循环下去,周而复始,使质量不断改进。图 5-1 为 PDCA 循环示意图。

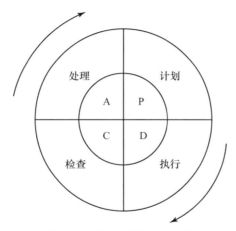

图 5-1　PDCA 循环 4 个阶段

2）PDCA 循环的步骤

为了解决质量改进问题,通常把 PDCA 循环的 4 个阶段进一步细化为 8 个步骤,如图 5-2 所示。

（1）计划阶段——P 阶段。

这一阶段的总体任务是确定质量目标,制定质量计划,拟定实施措施。具体分为 4 个步骤。

第 1 步,对质量现状进行分析,找出存在的质量问题。

第 2 步,分析造成产品质量问题的各种原因和影响因素。

第 3 步,从各种原因中找出影响质量的主要原因。

第 4 步,针对影响质量问题的主要原因制定对策,拟定相应的管理和技术组织措施,提出执行计划。

（2）实施阶段——D 阶段。

第 5 步,按照预定的质量计划、目标和措施及其分工去实际执行。

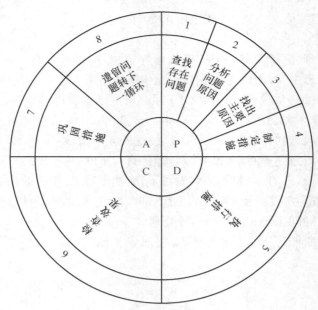

图 5-2 PDCA 循环的 8 个步骤

（3）检查阶段——C 阶段。

第 6 步，根据计划的要求，对实际执行情况进行检查，寻找和发现计划执行过程中的问题。

（4）处理阶段——A 阶段。

第 7 步，根据检查的结果，对存在的问题进行剖析，确定原因，采取措施。总结经验教训，巩固成绩，防止问题再次发生。

第 8 步，提出本次循环尚未解决的问题，并将其转到下一循环中去，使其得以进一步解决。

在以上所列 8 个步骤中，需要利用大量数据和资料，才能做出科学的判断，对症下药。要利用一些管理工具来收集和整理数据。

3）PDCA 循环的特点

PDCA 循环有 3 个明显的特点，如图 5-3 所示。

（1）大环带小环。如果把整个质量管理的工作作为一个大的 PDCA 循环，那么，各个部门、小组，还有各自小的 PDCA 循环，就像一个行星轮系一样，大环带动小环，一级带一级，有机地构成一个运转体系。

（2）按顺时针方向不停地运转。围绕质量管理的方针、目标这个轴心向前转动，并且不断循环，周而复始。

（3）阶梯式上升。PDCA 循环不是在同一水平上循环，每循环一次，就解决一部分问题，取得一部分成果，工作就前进一步，水平就提高一步。到了下一次循环，又有了新的目标和内容，更上一层楼。

4）航空维修质量管理的 PDCA 循环

作为管理工作一般工具的 PDCA 循环，对航空维修管理的各个方面都具有适用性。维修一线管理工作主要包括：制定机务保障计划，组织实施作战、训练的机务保障，质量

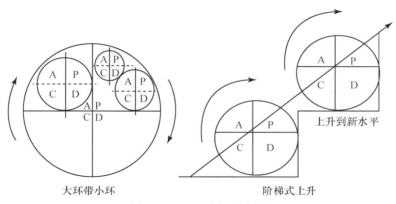

大环带小环　　　　　　　　　　　　　阶梯式上升

图 5-3　PDCA 循环的特点

检查、质量控制、安全管理、业务技术训练、维修设备、技术文件资料的管理和维修信息的收集、积累和处理等。这些内容完全同 PDCA 循环的计划、实施、检查、总结程序相一致。

（1）计划阶段（P 阶段）。计划是管理工作的首要环节。组织实施机务保障和维修工作必须首先制定计划。制定计划的基本要求：①认真学习、领会上级的指示、规定和要求，明确任务，确定目标。②全面分析航空技术装备状况、保障能力、装备使用条件和作业环境特点，以及油料、航材、弹药等有关供应保障情况，确定人力、物力最有效的运用方法。③充分估计在执行任务中可能出现的各种困难和问题，预先解决问题的方法和备份方案。计划阶段要做到任务明确，责任落实，步骤清楚，重点突出，方法科学，措施有力。

（2）实施阶段（D 阶段）。实施是管理工作的重要一环，任何工作都必须将计划付之实施，才能达到目的，否则就是一纸空文。航空维修工作，要求在实施时有良好的工作秩序，科学的工作方法，严格的纪律，坚决按条令、条例、规程、通报要求办，并随时检查，发现问题立即纠正。

（3）检查阶段（C 阶段）。检查是管理工作必要的一环，是在操作者做好第一手工作基础上进行的。为了保证作战训练任务的圆满完成和飞行安全，必须进行严格的质量检验，按照质量检验要点规定的内容、时机、方法、使用规定的工具、量具或仪器，实际进行检验。认真实行自检、互检和领导检查的三要求。特别对干部检查飞机后，应将发现的问题和评语写在工作日记上并签字。

（4）处理阶段（A 阶段）。处理阶段是管理工作的关键一环。为了做好总结，首先，要收集情况，包括组织管理、现场秩序、质量安全，执行条例、规程、通报情况，以及履行岗位职责，发现问题，排除故障，飞机状况等。其次，做好讲评，包括：完成任务、管理工作和机务人员在各方面表现，表扬好人好事，总结发生的问题、经验教训，制定今后措施等。最后，对重要问题按要求做好有关登记工作；对具有典型意义的经验、教训还需向上级提出报告，以便进一步研究观察，直到修改条例、规程；对一些暂时得不出结论的问题，除需记录在案外，还应转入下一循环中去继续考察研究。在这一阶段特别要提一下的是，应该按规定做好记录和报告，不要隐瞒问题和故障，因为这些东西是我们进一步认识和改进航空维修工作的基本依据。

全面质量管理要求对维修工作不断进行质量改进，因此，PDCA 作为全面质量管理的最常用的工作方法,会被不断地应用。每一次应用都是对前一次的超越,每一次应用都会使维修的质量跃上新的水平。

5.2 航空维修质量管理常用工具

质量过程控制方法源于 1924 年美国贝尔电话实验室,其首次在设备质量管理中以数理统计图表的方式应用,经过多年的实践和发展,已成为质量管理的重要内容。应用概率论和数理统计的原理和方法来研究装(设)备质量变化的客观规律,目前已发展了多种方法和技术工具。在航空维修质量管理过程中,常用的技术主要有调查统计表与数据分层法、排列图、因果图、直方图、散布图及控制图等。表 5-1 列出了 PDCA 循环的 4 个阶段、8 个步骤与质量管理工具的关系。

表 5-1 PDCA 循环 4 个阶段、8 个步骤与质量管理工具的关系

阶段	步骤	步骤	方法
P	1	分析现状,找出存在的问题(应查明首先解决哪一个问题最好)	排列图(前几项为问题所在) 直方图(将其分布形态与标准形态比较,可发现问题) 控制图(观察有无超出界限的点及界限内有无排列缺陷)
	2	分析产生问题的原因(召开有关人员的分析会)	因果图(画因果图要全,且不要遗漏原因)
	3	找出主要原因(根据上一步分析,结合调查研究、数据整理)	排列图(前几项对问题影响较大) 散点图(可观察分析状态、分析相关性)
	4	制定计划措施(针对主要原因,定好措施,明确计划目标)	应用"5W1H"来核对主要原因:Why 必要性——What 是什么——Where 什么地方——When 什么时候——Who 谁来完成——How 用什么方法
D	5	执行计划措施	按计划执行 严格落实措施
C	6	检查效果(了解计划措施实现后的效果)	排列图(观察项目排列有无变化) 直方图(观察分布形态,与标准形态比较) 控制图(观察点的排列有无缺陷)
A	7	总结经验,巩固成果(标准化、制度化)	操作规程(标准) 检查规程(标准) 各项规章制度的制定及修订
	8	找出尚未解决的问题	反映到下一轮循环中去(从步骤 1 开始)

5.2.1 调查统计表与数据分层法

5.2.1.1 调查统计表

调查统计表主要用于维修原始信息的收集、初步汇总和进行粗略的原因分析,以便及时掌握维修现场情况。这种方法比较简单,在维修质量管理中应用十分广泛。调查统计表法按其应用范围可分为两类。

(1) 用于记录原始信息的调查表,主要有图表形式和卡片形式。图表形式主要用来记录维修现场那些与部位(位置)紧密相关的原始信息,如产品的缺陷位置、产品各部位

的间隙数据等。图表形式直观,但不宜记录多层次的信息,更不能用于统计。卡片形式是维修现场记录原始信息的常用形式。维修现场使用的维修信息卡片、故障卡片、质量信息反馈卡片都属于这类形式。

(2)用于初步汇总原始信息的统计分析表。统计分析表一般采用表格形式,如各种定期上报的报表。调查统计表通常由调查统计人员设计,目的是从表中直接发现问题。

5.2.1.2　数据分层法

数据分层法又称为数据分类法,是加工整理数据、分析影响质量原因的一种方法。它把收集的不同数据按不同目的加以分类,把性质相同、在同一生产条件下的质量数据归类在一起加工整理,使数据反映的事实更明显、更突出,便于找出问题,对产品质量进行更有针对性的分析和管理。分层法的基本类型有如下 7 种。

(1)按操作人员分。如按不同性别、年龄、工龄、技术等级等进行分类。

(2)按设备或工作场地分。如按不同类型的设备,同一设备的不同型号,设备的不同新、旧程度,不同的工、夹、模具,不同的车间、工段等进行分类。

(3)按原材料分。如按不同的供应单位,不同的进料时间,不同的成分等进行分类。

(4)按操作方法分。如按不同的切削用量,不同的压力、温度等进行分类。

(5)按生产时间分。如按不同的班次、不同的日期进行分类。

(6)按测量手段分。如按不同的检测人员,不同的仪器、量具和方法等进行分类。

(7)按其他分类标志分。如按环境条件、气候及不同的工件部位、工序原因等进行分类。

5.2.2　排列图

排列图,也称为帕累托图,最早是由意大利经济学家帕累托(V. Pareto) 提出来的,用以分析社会财富的分布状况,描述少数人占有大量财富的现象,即所谓"关键的少数与次要的多数"这一关系。后来美国的质量管理专家朱兰(J. M. Juran)把这一思想用于质量控制,因为在质量问题中也存在着"少数不良项目造成的不合格产品占据不合格品总数的大部分"这样一个规律。排列图法作为质量改善活动中寻找主要因素的一种工具,在维修质量管理中,常用它分析影响故障、事故或维修中其他问题的主要因素。

排列图一般将影响因素分为 3 类:A 类包含大约 20% 的因素,但它导致了 75% ~ 80% 的问题,称为主要因素或关键因素;B 类包含了大约 20% 的因素,但它导致了 15% ~ 20% 的问题,称为次要因素;其余的因素为 C 类,称为一般因素,这就是所谓的 ABC 分析法。从累计频率来讲,累计频率在 80% 以下的因素为主要因素,累计频率在 80% ~ 90% 的因素为次要因素,累计频率在 90% 以上的因素为一般因素。排列图就是根据各项目的累计频率来确定主要因素的。

5.2.2.1　排列图的结构

排列图的结构由两个纵坐标、一个横坐标、几个直方柱和一条折线组成,如图 5-4 所示。

左纵坐标表示频数(件数、次数等),右纵坐标表示频率(用百分比表示);横坐标表示影响质量的各种因素,按影响程度的大小从左到右依次排列;折线表示各因素大小的累计百分数,由左向右逐步上升,此折线称为帕累托曲线。

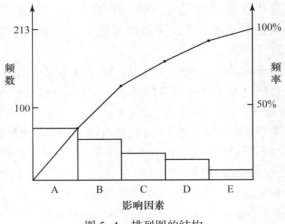

图 5-4　排列图的结构

5.2.2.2　排列图的绘制步骤

（1）根据所需分析的问题确定分类项目。所需分析的问题可以是事故、事故征候、故障、误飞、航材消耗、维修工时等。分类项目可以是缺陷种类、作业类型、机种型别、事故种类、故障成因、发生事故的时间和地区等。

（2）将收集的数据按确定的项目分类，并计算各类别的频数、频率、累计频率，然后按频率大小依次列入统计表。

（3）根据统计表作图。左纵坐标表示频数（件数、次数等），右纵坐标表示频率（用百分比表示），横坐标表示影响项目，以频率为高，作直方柱，把后一直方柱上移到前一直方柱的右顶点上，把第一直方柱和所有的虚线直方柱的对角线连接起来就成为累计频率线。

例　某机务大队对 213 次飞机误飞事故进行了统计分析，找到了事故出现的 4 种原因及导致误飞的次数，其中：维护原因 153 次，质量原因 29 次，器材原因 25 次，计划及其他原因 6 次。试绘制其排列图。

解：（1）根据收集的维修质量数据，计算各类别频率与累计频率，绘制飞机误飞事故统计分析表，如表 5-2 所列。

表 5-2　飞机误飞事故统计分析表

误飞原因	误飞次数	频率	累计频率
维护原因	153	71.8%	71.8%
质量原因	29	13.6%	85.4%
器材原因	25	11.8%	97.2%
计划及其他原	6	2.8%	100.0%
总计	213	100.0%	

（2）绘制排列图。首先，按一定比例绘制两个纵坐标和一个横坐标：左纵坐标表示频数，右纵坐标表示频率，横坐标表示项目类别，各项目按其频率大小从左向右依次排列，并各占一定相同的宽度。然后，以各项目宽度为底、频率为高作一系列直方柱。最后，绘制帕累托曲线：用统计表上的累计频率在图上描点，将各点连接起来即为帕累托曲

线;或者把各项目类别直方柱上移,移接在前一个直方柱的右顶点,然后作第一直方柱和所有虚线直方柱的对角线(方向从左下角到右上角),这些对角线的连线就是帕累托曲线,如图 5-5 所示。

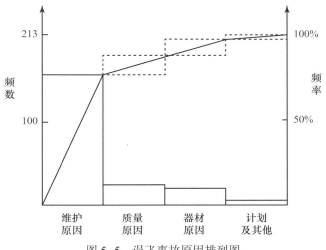

图 5-5　误飞事故原因排列图

5.2.2.3　排列图的应用

(1)排列图指明了改善维修质量特性的重点。在维修质量控制中,为了获取更好的维修效果,应合理地确定所采取措施的对象。从排列图可以看出,直方柱高的前两三项对质量影响大,对它们采取措施,维修质量改善效果显著。

(2)排列图可以反复应用,在解决维修质量问题的过程中,排列图可以而且应该反复应用,以使问题逐步深化。

例如,从图 5-5 中发现维护原因是导致飞机误飞的主要原因,但无法采取具体对策,此时需要对其继续分析,然后再作第二层次的排列图。一旦采取对策措施后,应重新收集数据再作排列图,并将其与原来的排列图对比,从而分析验证所采取措施的有效性。

5.2.3　因果分析图

因果分析图是表示质量特性与原因关系的图,它把对某项质量特性具有影响的各种因素加以归类和分解,并在图上用箭头表示其间关系,因而也称为特性要因图、树枝图、鱼刺图等。因果分析图中的结果往往是需要改进的质量特性。利用因果图解决问题的特点是:由"结果"出发,寻求产生这个"结果"的原因,从大原因、中原因找到小原因,追根求源,直到找到问题的症结,能采取措施为止。

5.2.3.1　因果分析图的结构

因果分析图由质量特性、要因和枝干三部分组成。质量特性是期望对其改善或进行控制的某些属性,如合格率、缺陷率、故障率、维修工时等;要因是对质量特性施加影响的主要因素;枝干是因果分析图中的联系环节。把全部要因同质量特性联系起来的是主干,把个别要因同主干联系起来的是大枝,把逐层细分的因素(细分到可以采取具体措施为止)同各个要因联系起来的是中枝、小枝和细枝,如图 5-6 所示。

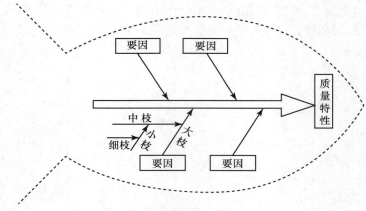

图 5-6 因果分析图的结构

5.2.3.2 因果分析图的分析步骤

（1）确定质量特性或需要分析的后果,这种后果通常是一种需要改进和控制的现象。将质量特性或需要分析的后果写在右侧方框内,从左至右画一长箭头指向质量特性,如图 5-7 所示。

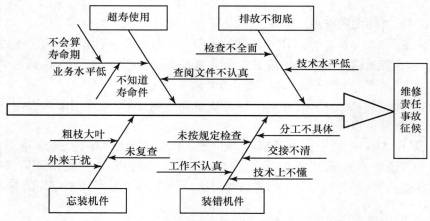

图 5-7 维修责任事故征候因果分析图

（2）确定影响质量特性或后果的要因,并将其标绘在主干上,要因线和主干线的夹角一般为 60°左右。

（3）对大枝的要因进行细分,逐步画出中枝、小枝、细枝,大枝线和中枝线夹角以及中枝线和小枝线夹角仍为 60°左右。检查确认所有因素及其相互关系是否恰当,所分析各层次的关系必须是因果关系,要因应一直分析到能采取措施为止。

（4）找出影响质量的关键因素,用方框把它们框起来作为制定质量改进措施的重点,如图 5-7 中的"业务水平低""未复查""未按规定检查"等。

从维修责任事故因果分析图可以看出,影响维修责任事故征候主要因素有"业务水平低""未复查""未按规定检查"等。在这几种关键因素中,它们对消除维修责任事故征候的作用如何,哪一种因素是最关键的,因果分析图并未能给出一个肯定的答案,还需要用到排列图法来判别。

5.2.4　直方图

直方图是发生的频数(或频率)与相对应的数据点关系的一种图形表示,有助于形象化地观察数据分布、形状及离差。直方图法主要是用来从收集到的样本数据中寻求质量特性值总体的分布规律的一种技术。它可用于确认重要维修活动的分布,并可直观地观察和粗略估计出正常波动的统计规律或异常波动的特性,如装备故障时间分布、装备停机时间分布等。

5.2.4.1　直方图的绘制

应用直方图进行统计分析,首先将所收集的数据按大小顺序分成若干间隔相等的组;然后以组距为横轴,以各组数据频数为纵轴,将其按比例绘制成若干直方柱。具体的步骤如下。

(1)收集数据。一般 100 个左右(最少不得低于 50 个),找出最大值 S_{max} 和最小值 S_{min}。

(2)确定组数 K。可利用公式 $K = 1 + 3.3\lg n$ 来确定组数 K,这里的 n 指样本总数,或依据表 5-3 分组来确定组数 K。

表 5-3　数据分组表

数据的个数	分组数
50~100	6~10
100~250	7~12
250	10~20

(3)依据公式 $d = \dfrac{S_{max} - S_{min}}{K}$ 计算组距 d。

(4)列表计算各组的频数 F_i 或频率 f_i。

(5)画直方图。以纵坐标表示频数,横坐标表示各组组距,各组频数为直方柱的高,即可得频数直方图。

例　某型液压泵 88 个故障时间(h)分别是:75,61,51,91,91,125,127,52,147,95,140,179,95,140,155,99,112,187,114,149,141,136,152,75,148,73,175,125,153,63,102,128,64,126,60,123,127,33,106,10,147,39,169,44,45,14,105,93,48,140,102,91,76,140,80,108,127,14,76,75,151,115,82,43,64,89,86,141,106,110,88,69,100,28,47,92,88,87,102,109,190,68,65,87,126,12,115,125。试绘制其直方图。

解:首先,确定分组数,$n = 88$,可取 $K = 6 \sim 10$,此处取 $K = 9$;然后,确定组距 $d = 180/9 = 20$;计算各组的频数,如表 5-4 所列。

表 5-4　数据统计表

组数	组距	频数 F_i	频率 f_i
1	10~30	5	5.68%
2	30~50	7	7.95%

续表

组数	组距	频数 F_i	频率 f_i
3	50~70	10	11.36%
4	70~90	14	15.91%
5	90~110	17	19.32%
6	110~130	15	17.05%
7	130~150	11	12.5%
8	150~170	5	5.68%
9	170~190	4	4.55%

最后,根据数据统计表绘制直方图,如图5-8所示。

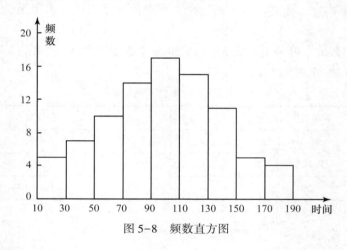

图5-8　频数直方图

5.2.4.2　直方图的应用

在维修质量管理过程中,直方图通常具有以下应用。

(1)故障频数直方图形象地描述了故障的分布规律,而故障频率直方图,只要将各直方柱顶部中点连接起来,画出一条折线,就是故障概率分布密度 $f(t)$ 曲线的近似表示。

(2)利用频数直方图或频数、频率分布表可以求出各子区间上边界的经验累积频率线(经验分布线)。

(3)把根据数据绘制的直方图与典型直方图比较,可以发现维修活动中是否出现异常并粗略判断发生异常的原因。

5.2.5　散布图

散布图是表示两个变量之间相关性的图形。在分析航空维修质量问题或原因时,通常需要了解各个变量之间的关系,这些关系中有的属于确定性关系,可用函数关系式来表达;有的变量之间虽然存在着关系,但却不能由一个变量的数值来精确地求出另一个变量的数值,这种关系称为相关关系。在研究相关关系时,把两个变量的数据对应着列出,用小点画在坐标图中,以便观察它们之间的关系,这种图称为散布图,一般用于趋势分析。在维修质量控制中,散布图可用于预防性维修与维修质量变化、维修费用趋势、备件储备趋势以及装备可用性趋势等领域。

5.2.5.1　散布图的几种典型形态

散布图的种类很多,但一般分为6种。

(1)强正相关。x 变大时,y 显著变大,点子分散程度小,如图 5-9(a)所示。

(2)弱正相关。x 变大时,y 大致变大,点子分散程度大,如图 5-9(b)所示。

(3)强负相关。x 变大时,y 显著变小,点子分散程度小,如图 5-9(c)所示。

(4)弱负相关。x 变大时,y 大致变小,点子分散程度大,如图 5-9(d)所示。

(5)非线性相关或曲线相关。x 与 y 成曲线关系,如图 5-9(e)所示。

(6)不相关。x 与 y 没有明显关系,如图 5-9(f)所示。

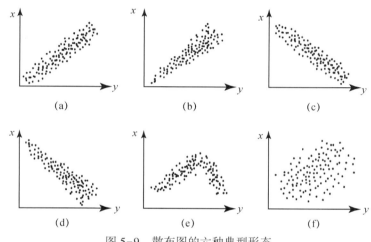

图 5-9　散布图的六种典型形态

5.2.5.2　散布图的作用

通过对散布图的观察,逐一研究每一因素变动(其他因素保持不变)对维修质量的影响程度,可比较出哪个因素是主要影响因素,以便有针对性地采取措施,提高质量。当通过散布图了解到某两个变量存在着相关关系以及相应的因果关系后,就可以通过控制某一个变量的方法去影响或控制另一个变量,或者由已知变量去预测分析未知变量的变动规律。

5.2.6　控制图

控制图是美国贝尔电话研究室的休哈特 1924 年提出来的。因为它用法简单、效果良好、便于掌握,因而成为质量管理活动中的一个重要工具。

5.2.6.1　控制图的基本概念

控制图,又称为管理图,是用于监控分析质量动态过程是否处于稳定状态的带有控制界限的图。应用控制图可以对工作过程状态进行预测、监控、分析和改进,它是质量控制的核心工具。控制图是有控制界限的一种图表,它的基本形式如图 5-10 所示。

控制图的横坐标表示按时间顺序的抽样样本号,纵坐标表示质量特性值。控制图一般有 3 条控制线:上控制界限(Upper Control Limit,UCL)、下控制界限(Lower Control Limit,LCL)和中心线(Center Line,CL)。控制界限是判断工作过程状态正常与否的标准尺度。把被控制的质量特性变为点子描在图上,如果点子全部落在上、下控制限内,而且点子的排列没有什么异常状况,那么就认为质量处于控制状态,否则就认为存在异常因素,需要予以查明并消除。

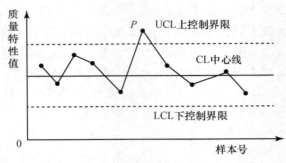

图 5-10 控制图的基本样式

5.2.6.2 控制界限的确定

控制图中控制界限是判断工作过程是否异常的标准尺度,它是根据数理统计的原理计算出来的。比较通用的方法是根据正态分布的"3σ 原则"确定控制界限,即按公式 $CL=\mu$、$UCL=\sigma+\mu$、$LCL=\mu-3\sigma$ 确定 3 条线的位置,其中:μ 是正态分布的均值,σ 是正态分布的标准差。

5.2.6.3 控制图的观察与分析

一般而言,控制图上的点子反映了维修工作过程的稳定程度。当工作处于稳定状态时,控制图上的点子应随机分布在中心线两侧,排列没有缺陷。如果有一定量的点子出界,或排列有缺陷,则认为过程不稳定,需要进行控制。具体判断规则如下。

1)工作过程稳定状态的判断

应当满足以下两个条件。一是绝大部分点子没有越出控制界限。具体来讲,连续 25 个点子在控制界限内,或连续 35 个点子中仅有 1 个点子在控制界限外,或连续 100 个点子最多有 2 点子在控制界限以外。二是点子在控制界限内排列没有缺陷(异常);否则,工作过程就是处于非正常稳定状态,亦即非控制状态。

2)工作过程不稳定状态判断

当出现以下情况时,通常判断为过程不稳定。一是点子越出控制界限(在控制界限上也算越限)。二是点子在警戒区内,即点子处于 $\pm(2\sim3)$ 倍标准偏差的范围内,如图 5-11(a)所示。例如,连续 3 个点子中有 2 点在警戒区内。三是点子在控制界限内,但它的排列出现有链、倾向性或周期性缺陷中的一种。

(1)链形排列。在中心线一侧连续出现 7 点链,如图 5-11(b)所示;或点子在中心线一侧多次出现,如连续 11 点中有 10 点在同一侧、连续 14 点中有 12 点在同一侧、连续 17 点中有 14 点在同一侧等都属此类情况。

(2)倾向性。点子反映出一种上升或下降的趋势,当有 7 个点子连续上升或下降时,就判断排列有缺陷,如图 5-11(c)所示。

(3)周期性。点子反映出一种周期性的变化,预示着存在某种周期性干扰,则判断排列有缺陷,过程不稳定,如图 5-11(d)所示。

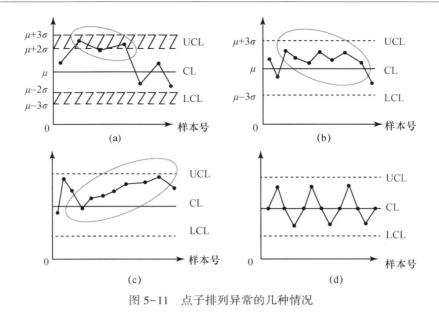

图 5-11　点子排列异常的几种情况

5.3　基于航空维修全面质量管理的质量改进案例分析

航空维修全面质量管理的工作过程——PDCA 循环是一种普适性非常强的管理程序和方法。PDCA 循环几乎适用于所有领域,大到复杂工程的管理,小到一个具体的工作,甚至在日常生活中也可用到。它重视计划在管理工作中的重要作用,要求一切事务按计划实施,却又不把计划当成僵死的东西。不仅在计划实施过程中对其效果进行检查评估,而且当一个循环结束后,还要对其进行总结提炼,并启动下一个循环。

案例背景:某大修厂为了提高产品质量,提升战斗力,以航空维修全面质量管理为理论基础,广泛利用各种质量管理工具,对厂里出现的质量问题进行整改。以修理车间压胶组为例,修理车间某年 1~4 月份生产胶圈 4107 件,不合格品为 l273 件,不合格率为 31%。

1) 制定计划

厂里召集压胶组全体人员,以“为什么会出现 31% 的不合格率”为题,以不合格率减半为目标,运用头脑风暴法分析、查找主要原因。最终发现不合格率高的主要原因是:没有严格按工艺施工、橡胶硫化时间不准、温度控制不当。

针对问题的原因,制定如下改进措施:一是强化操作人员的按章作业的意识,严格按工艺规程和技术要求操作;二是严格控制橡胶硫化时间和温度;三是对质量不合格品进行登记,并明确责任人。

为了保证问题查找到位,大修厂在计划阶段重点把握住了以下几条:一是避免主观因素干扰,不搞先入为主,不以个人的主观判断匆忙下结论;二是就事论事,坚持用事实去定义问题,并辅以图表说明;三是梳理问题突出针对性,关注亟待解决的问题;四是在分析问题的原因时,做到全面细致,特别是那些对流程有直接影响的原因要分析透彻。

2) 方案实施

厂里决定在当年 5~7 月份生产过程中实施改进计划。在执行过程中,他们在两个方面有了明显改进。一是保证信息渠道畅通,强化了信息共享,使每个人都能获得必要的信息。如在一些子活动(项目)推行过程中,活动的负责人和 PDCA 循环推行小组的成员共享该活动的详细信息。二是执行力度得到加强,通过有效的组织和强有力的奖惩措施使各部门工作协调有序,按计划展开。

3)检查评估

为了保证按计划执行,该大修厂专门组织质量检查人员,不定期地对生产过程进行督促检查,针对计划和生产中发现的问题,不断纠正和整改。需要注意的是,检查是确保方案按计划执行的重要手段,不仅要确认推行步骤是否存在偏差,还要确认执行效果是否达到预期要求。如果存在偏差或效果没有达到要求,就要找出原因,并提出改进意见。

4)总结改进

该大修厂当年 5~7 月份共生产胶圈 3421 件,其中不合格品 321 件,不合格率为 9.2%,比 1~4 月份不合格率降低 70.32%,实现了改进质量的目标。然后,该大修厂又组织相关人员,运用排列图工具,对 5~7 月份的不合格产品进行了分析,如图 5-12 所示。

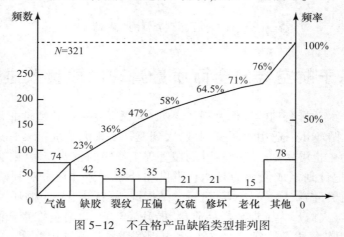

图 5-12　不合格产品缺陷类型排列图

结果表明,不合格产品的缺陷类型主要是气泡、缺胶、裂纹及压偏等,占 58%。如图 5-13 所示,运用因果图进一步分析原因。

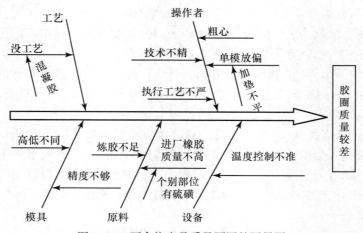

图 5-13　不合格产品质量原因的因果图

再逐件分析 321 件不合格品产生的具体原因,列出不合格产品原因分类表如表 5-5 所列。

表 5-5　不合格产品原因分类表

原因类别	原因类别	占不良总数的百分比
技术	97	30.22%
炼胶不足	84	26.17%
模具	51	15.89%
责任心	35	10.9%
接头	35	10.9%
设备	19	5.92%
合计	321	100%

根据统计表的相关数据,再作一个排列图,如图 5-14 所示。最后发现影响胶圈质量的主要原因体现在操作人员的技术、炼胶和模具等方面。

该厂领导认为这些问题要继续采取措施加以解决,于是启动了下一个循环。从当年 8 月 3 日到 10 月 24 日,该厂生产胶圈 1291 件,不合格品只有 55 件,不合格品率为 4.26%,比循环前不合格品率降低了 53.7%。

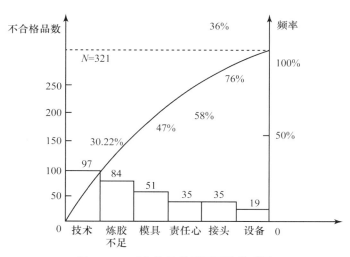

图 5-14　不合格品质量原因的排列图

由此看出,航空维修全面质量管理的工作程序——PDCA 循环的作用在于持续改进,不能寄希望于一次循环中就解决所有问题。须强调的是,各级各部门在推行 PDCA 循环过程中,不仅要重视计划,还要对计划的执行情况做好监督检查,更为重要的是,要针对存在的问题和组织的目标需求,加强对部属的培训指导,不断提高组织成员的工作执行能力和工作绩效。

小　结

本章阐述了航空维修质量管理的相关内容,介绍了航空维修质量管理理论,重点是航空维修全面质量管理理论。对航空维修质量管理常用工具——调查统计表与数据分层法、排列图、因果分析图、直方图、散布图、控制图的含义、作用以及绘制作出详细介绍。最后结合具体案例对整个内容进行概述。

思　考　题

1. 辨析质量、航空维修质量和航空维修质量管理的概念。
2. 试述全面质量管理的主要内容。
3. 试述航空维修全面质量管理的概念、特点及基本内容。
4. 简述 PDCA 循环的主要阶段。
5. 列举航空维修质量管理常用工具及其应用场景。
6. 结合工作和生活事例,利用 PDCA 循环和航空维修质量管理常用工具制定改进措施。

第6章 航空维修安全管理

航空维修安全管理是航空维修管理的主要内容之一,在航空维修中有着重要的地位和作用。加强航空维修安全管理,对于提高航空装备的维修安全和顺利遂行作战训练任务具有重要意义。

6.1 航空维修安全管理概述

航空维修安全管理,就是通过建立健全安全管理体系,实施积极主动的管理,克服系统的缺陷,达到事前预防的目的。阐明航空维修安全管理,首先要定义航空维修安全管理的基本概念,认识航空维修安全管理的必要性。

6.1.1 航空维修安全管理的基本概念

6.1.1.1 安全与危险

1) 安全

安全也称为"安全性",目前关于安全的定义很多,但在航空业,普遍接受的是国际民航组织(ICAO)所下的定义,即"安全是一种状态,把与航空运行相关或直接支持航空器运行的各种航空活动的风险,降低到并控制在一个可接受的水平或其以下"。从国际民航组织关于安全的定义来说,安全可以理解为危险处于一种可接受的状态。

2) 危险

危险也称为"危险性",是可能导致事故的状态,即某一系统、产品、设备或操作的一种潜在条件,当这种潜在条件受到某种激发时,就会变成不安全的现实状态,也就是发生事故。使危险变成不安全的现实状态的激发因素可能是元件故障或某一种系统状态超限(压力、温度、转换等)。危险只有受到激发时才会导致不安全的状态,而受到激发的时间又具有不确定性,因此在机务维修活动中,如何控制这些潜在危险因素并最大限度地降低危险故障的后果,是安全管理所要解决的主要问题。

6.1.1.2 事故及其分类

1) 事故

事故是指因人员过失、装备故障和管理缺陷等造成人员伤亡和装备、财产损失的意外变故或灾祸,它是一种不正常发生和不希望出现的意外事件。

2) 事故的分类

在航空工程活动中,根据事故所发生的时间及造成的后果来划分,可将事故分为飞行事故、飞行事故征候和机械原因地面事故3种类型。

(1) 飞行事故。飞行事故,也称为飞行等级事故,是指在训练和任务飞行中,自飞机

(含直升机,不含无人机,下同)开车后滑出起至着陆滑行到指定位置止,在此期间所发生的空勤人员伤亡、飞机损伤达到一定程度时的事件。根据空勤人员伤亡或飞机损伤程度的不同,飞行事故可分为一等飞行事故、二等飞行事故和三等飞行事故 3 个等级。一、二等飞行事故统称为严重飞行事故。

发生下列情况之一为一等飞行事故:机毁人亡;空勤人员有 1 人(含)以上在 7 昼夜内因事故伤害而牺牲;飞机起飞后失踪。

发生下列情况之一为二等飞行事故:飞机报废;飞机严重损伤,其修复费用(按事故当年可比价格计算,如该型机已停产,其修理费用按最近一次飞机出厂价格计算。下同)超过同型飞机价格的 40%,或修复费用虽未达到 40%,但飞机未能达到规定性能标准;飞机迫降在水中、山中、沼泽地等不能运出。

发生下列情况为三等飞行事故:飞机损伤后能够修复,其修复费用为该型机价格的 10%~40%,达到规定性能标准,并在发生事故后 12 个月内投入正常使用。

事故发生 30 日内,受伤空勤人员牺牲,或失踪空勤人员生还的,重新确定事故等级。

(2)飞行事故征候。飞行事故征候是指在训练、任务飞行中,自飞机开车后滑出起至着陆滑行到指定位置关车止,所发生的严重危及飞行安全但未构成飞行事故的事件。由于飞机维护、设计、制造或翻修等机械问题导致的飞行事故征候称为机械原因飞行事故征候。

(3)机械原因地面事故。机械原因地面事故是在地面发生的不属于飞行活动过程中,因维修保障原因或装备设计、制造、修理等问题或其他原因,导致航空装备和地面设备、设施损坏(达到一定程度)或人员伤亡,为机械原因地面事故。

按照人员伤亡数量、直接经济损失大小以及装备损坏程度的不同,机械原因地面事故可分为机械原因一般地面事故、严重地面事故、重大地面事故、特大地面事故。

所致后果有下列情况之一的,为机械原因一般地面事故:死亡 1 人;重伤 10 人以下;飞机、发动机及外挂设备、地面维修设施、仪器设备、工程车辆等装(设)备损坏或报废,直接经济损失 1 万元(不含)以上 100 万元以下;航炮(枪)、导弹、航箭弹、座椅弹等火工品走火,但未造成后果。

所致后果有下列情况之一的,为机械原因严重地面事故:死亡 2~5 人的;重伤 11~19 人的;飞机、发动机及外挂设备、地面维修设施、仪器设备、工程车辆等装(设)备损坏或报废,直接经济损失 100 万元(不含)以上 1000 万元以下的;航炮(枪)、导弹、火箭弹、座椅弹等火工品走火,已造成后果(指符合前 3 条任意一条)。

所致后果有下列情况之一的,为机械原因重大地面事故:死亡 6~14 人的;重伤 20~39 人的;飞机、发动机及外挂设备、地面维修设施、仪器设备、工程车辆等直接经济损失 1 000 万元(不含)以上 2 亿元以下的;航炮(枪)、导弹、火箭弹、座椅弹等火工品走火,已造成后果(指符合前 3 条任意一条)。

所致后果有下列情况之一的,为机械原因特大地面事故:死亡 15 人以上的;重伤 40 人以上的;飞机、发动机及外挂设备、地面维修设施、仪器设备、工程车辆等直接经济损失 2 亿元(不含)以上的;航炮(枪)、导弹、火箭弹、座椅弹等火工品走火,已造成后果(指符合前 3 条任意一条)。

6.1.1.3　航空维修安全管理

安全管理是预知人类活动各个领域里固有的或潜在的危险以及为消除这些危险所

采取的各种方法、手段和行动的总称。控制事故可以说是安全管理工作的核心,而控制事故最好的方式就是实施事故预防,即通过管理和技术手段的结合,消除事故隐患,控制不安全行为,保障人员的安全,这也是"预防为主"的本质所在。

航空维修安全管理的具体工作包括:

(1)掌握并通报空、地安全情况和航空产品制造、翻修质量状况。

(2)查处机械原因飞行事故、事故征候和地面事故。

(3)协助工业部门处理重大质量问题。

(4)组织机务人员进行安全教育和训练。

(5)制定航空维修安全标准、法规。

(6)检查落实安全措施。

(7)组织开展安全管理和事故调查的理论、方法、手段等的研究与讨论。

6.1.2　航空维修安全管理的必要性

(1)加强维修安全管理是贯彻预防为主方针的重要举措。"质量第一,预防为主"是航空维修安全工作必须坚持的指导方针,也是航空装备维修实践经验的科学总结。加强维修安全管理,可以提高全体航空机务人员的安全意识和责任感,把预防事故、保证安全的各项工作做在前面,将"质量第一,预防为主"的方针落到实处。

(2)加强维修安全管理是预防航空装备事故发生的重要保证。造成事故的直接原因,概括起来主要是人的不安全行为、物的不安全状态和环境的不利影响等。在这些直接原因的背后,可能还隐藏着若干层次的背景原因直至最深层的本质原因。维修安全管理理论和航空维修安全工作实践都证明,管理因素是许多事故和事故征候发生的深层次原因。因此,改进和狠抓航空装备安全管理,可以有效地防止维修人员的不安全行为,改善航空装备的不安全状态和环境的不利影响,能有效防范飞行和地面事故的发生。

(3)加强维修安全管理是提高安全管理水平的有效手段。基层部队在经常性安全管理教育中,通过质量安全宣讲、安全管理知识宣传或竞赛等手段,有助于强化航空机务人员的维修安全观念,增强安全责任意识,提升部队维修安全管理水平。从而促使广大机务人员主动防范安全事故和维修差错的发生,提高航空装备保障质量和飞行训练质量,保证航空装备安全可靠地遂行作战训练和各种任务。

6.2　航空维修事故致因理论

从事故的定义和特性可知,事故是违背人的意志而发生的意外事件,而且事故具有明显的因果性和规律性。因而,找出事故发生的根本原因,利用航空维修安全管理的基本理论,有效预防和控制事故,确保维修安全,是航空维修安全管理的主要任务。本节主要介绍维修安全管理的几种常用理论,如"骨牌顺序"理论、海因里奇事故统计规律、瑟利模型、轨迹交叉论等。

6.2.1　"骨牌顺序"理论

"骨牌顺序"理论又称为海因里奇因果连锁理论或多米诺骨牌理论,它是由美国安全工程师海因里奇(H. W. Heinrich)提出的。在该理论中,海因里奇借助多米诺骨牌形象地描述了事故发生的因果关系,即事故的发生过程是 5 个意外事件按一定顺序互为因果依次发生的结果。这 5 个意外事件,一个依赖另一个,一个跟随另一个,如 5 块平行摆放的骨牌,1 块骨牌倒下,则将发生连锁反应,使后面的骨牌依次倒下,如图 6-1 所示。

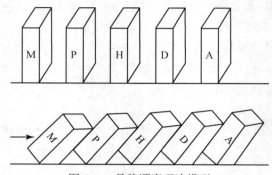

图 6-1 骨牌顺序理论模型

骨牌顺序理论模型中的 5 块骨牌依次如下。

(1) 遗传及社会环境(M)。遗传及社会环境是造成人的缺点的原因。遗传因素可能使人具有鲁莽、固执、粗心等不良性格及其它来自遗传中的不良特性,社会环境可能助长人的不良性格的发展。

(2) 人的缺点(P)。人的缺点是由遗传和社会环境习染的缺点所造成的,是使人产生不安全行为或使物产生不安全状态的直接原因。这些缺点既包括各类不良性格,也包括缺乏安全生产知识和技能等后天的不足。

(3) 人的不安全行为和物的不安全状态(H)。人的不安全行为,如站在悬吊的负荷下、开动设备无警告、移动安全装置等;物的不安全状态,如无安全防护装置、无防护操作场所等。

(4) 意外事件(D)。由物体、物质或放射线等对人体发生作用,使人员受到伤害或可能受到伤害的、出乎意料的、失去控制的事件。

(5) 伤害(A)。由于意外事件而产生的人身伤害,如骨折、裂伤甚至死亡等。

在骨牌顺序摆放上,每一张骨牌相当于一个意外事件。在这 5 个意外事件中,假若消除人的不安全行为和物的不安全状态(H),使系列中断,则伤害就不会发生,如图 6-2所示。

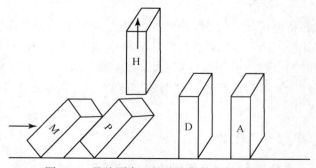

图 6-2 骨牌顺序理论消除意外事件 H 模型

因此,防止伤害的着眼点应放在防止人的不安全行为和物的不安全状态,即消除潜在的危险。此外,为防止伤害的发生,防止人的缺点也是可以的,而且是必须的。但由于人的缺点很难控制,因此,消除 P 不易做到。故防止伤害的发生的重点还应在防止人的不安全行为和物的不安全状态。

6.2.2　海因里奇事故统计规律

早在 20 世纪 30 年代,美国安全工程师海因里奇就研究了事故发生频率与事故后果严重度之间的关系,并在统计了大量事故之后,得出一个规律:

重伤(含死亡):轻伤:无伤害事件 = 1:29:300。

这个比例数字表示发生于同一人的 330 件相似意外事件中,300 件是不造成伤害的,30 件是造成伤害的,并且有 29 件是轻伤和 1 件重伤。这种比例关系可用塔形图来表示,如图 6-3 所示。

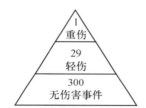

图 6-3　海因里奇事故统计规律

在这个比例中,伤害与无伤害之比为 1:10。根据国际劳工组织(ILO)的调查结果,重伤(含死亡)、轻伤、无伤害之间比例为 1:20:200,有伤害与无伤害之比也大致为 1:10。实际上,这个比例并不是绝对不变的,它随着行业的不同,事故种类不同而不同。如某设备的机械师在把 5 英寸宽的皮带放在直径 24 英寸的正在回转的皮带轮上时,被皮带轮卷入而碾死。后来调查发现,此人经常穿一套宽大的工作服,站在摇动的梯子上用手挂上皮带,当快速回转的皮带轮挂上皮带时,他及时地把手抽出来。此人使用此法已达数年之久,曾有 33 次臂部及手部擦伤。估计比例为 1:33:600。再如,在飞机维护工作中,有的机务人员章法观念淡薄,违反操作规程,在飞机蜂窝结构部位站立和放置工具,结果曾多次造成飞机蜂窝结构损坏。

海因里奇得出的事故统计规律告诉我们:当潜在危险激发时,造成的无伤害事件是广泛存在的,正是在大量的无伤害事件的基础上,酝酿了伤害事件的发生。所以应最大限度地减少潜在危险,防止无伤害事件的发生,从而避免重大伤害事件的出现。也就是说,要减少伤亡事故,就要致力于降低无伤害事件的发生。

6.2.3　瑟利模型

瑟利模型是在 1969 年由美国人瑟利(J. Surry)提出的,是一个典型的、根据人的认知过程分析事故致因的理论。

该模型把事故的发生过程分为危险出现和危险释放两个阶段,这两个阶段各包括一组类似的人的信息处理过程,即感觉、认识和行为响应。在危险出现阶段,如果人的信息处理的每个环节都正确,危险就能被消除或得到控制;反之,就会使操作者直接面临危险。在危险释放阶段,如果人的信息处理过程的各个环节都是正确的,虽然面临着已经显现出来的危险,但仍然可以避免危险释放出来,不会带来伤害或损害;反之,危险就会转化成伤害或损害,如图6-4所示。

由图6-4可知,危险出现与危险释放两阶段具有相类似的信息处理过程,即3个环节6个问题。3个环节是指感觉、认识和行为响应;6个问题则分别是对这3个环节的进一步阐述。具体如图6-4所示。

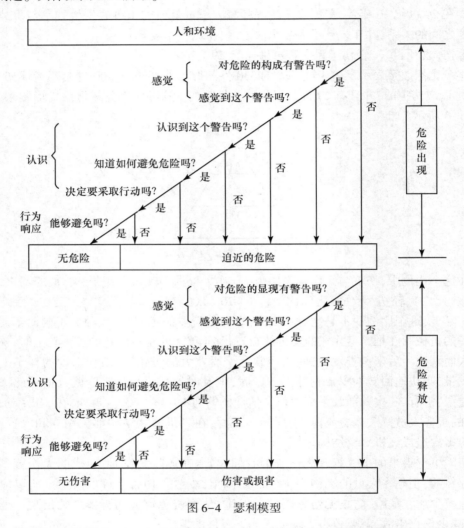

图6-4 瑟利模型

（1）对危险的构成（或显现）有警告吗？这里警告的意思是指工作环境中对安全状态与危险状态之间的差异的指示。任何危险的构成或显现都伴随着某种变化,只是有些变化易于察觉,有些则不然。只有使人感觉到这种变化或差异,才有避免或控制事故的可能。

（2）感觉到这个警告吗？这包括两个方面:一是人的感觉能力问题,包括操作者本身感觉能力,如视力、听力等较差,或过度集中注意力于工作或其他方面;二是工作环境对人的感觉能力的影响问题。

（3）认识到这个警告吗？这主要是指操作者在感觉到警告信息之后，是否正确理解了该警告所包含的意义，进而较为准确地判断出危险的可能后果及其发生的可能性。

（4）知道如何避免危险吗？主要指操作者是否具备为避免危险或控制危险，做出正确的行为响应所需要的知识和技能。

（5）决定要采取行动吗？无论是危险的出现或释放，其是否会对人或系统造成伤害或破坏是不确定的。而且在有些情况下，采取行动固然可以消除危险，却要付出相当大的代价。究竟是否采取立即的行动，应主要考虑两个方面的问题：一是该危险立即造成损失的可能性；二是现有的措施和条件控制该危险的可能性，包括操作者本人避免和控制危险的技能。

（6）能够避免危险吗？在操作者决定采取行动的情况下，能否避免危险则取决于人采取行动的迅速、正确、敏捷与否和是否有足够的时间等其他条件使人能做出行为响应。

上述 6 个问题中，前两个问题都是与人对信息的感觉有关的，第 3～5 个问题是与人的认识有关的，最后一个问题与人的行为响应有关。这 6 个问题涵盖了人的信息处理全过程，并且反映了在此过程中有很多发生失误进而导致事故的机会。

瑟利模型不仅分析了危险出现、释放直至导致事故的原因，而且还为事故预防提供了一个良好的思路。即要想预防和控制事故，首先，应采用技术的手段使危险状态充分地显现出来，使操作者能够有更好的机会感觉到危险的出现或释放；其次，应通过培训和教育的手段，提高人感觉危险信号的敏感性，同时也应采用相应的技术手段帮助操作者正确地感觉危险状态信息；再次，应通过教育和培训的手段使操作者在感觉到警告之后，准确地理解其含义，结合各方面的因素做出正确的决策；最后，则应通过系统及其辅助设施的设计使人在做出正确的决策后，有足够的时间和条件做出行为响应。这样，事故就会在相当大的程度上得到控制，取得良好的预防效果。

6.2.4　轨迹交叉论

轨迹交叉论是一种从事故的直接和间接原因出发研究事故致因的理论。其基本思想是：伤害事故是许多相互关联的事件顺序发展的结果。这些事件可分为人和物（包括环境）两个发展系列。当人的不安全行为和物的不安全状态在各自发展过程中，在一定时间、空间发生了接触，使能量逆流于人体时，伤害事故就会发生。人的不安全行为和物的不安全状态之所以产生和发展，又是受多种因素作用的结果。轨迹交叉论的事故模型如图 6-5 所示。

轨迹交叉论反映了绝大多数事故的情况。统计数字表明，80% 以上的事故既与人的不安全行为有关，又与物的不安全状态有关，因而，从这个角度来看，如果采取相应措施，控制人的不安全行为或物的不安全状态两大因素中的任一个，避免两者在某个时间、空间上的交叉，就会在相当大的程度上控制事故的发生。因而，轨迹交叉论对于指导事故的预防与控制，进行事故原因调查等工作都是一种极为有效的概念和方法。

当然，在人和物两大系列的运动中，二者往往是相互关联、互为因果、相互转化的。有时，人的不安全行为促进了物的不安全状态的发展，或导致新的不安全状态的出现；有时，物的不安全状态也可以诱发人的不安全行为。因此，事故的发生并非完全如图 6-5 所示的那样简单地按人、物两条轨迹独立地运行，而是呈现较为复杂的因果关系，这是轨迹交叉论的理论缺陷之一。

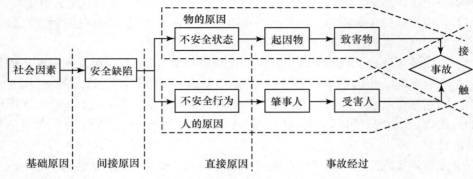

图 6-5　轨迹交叉论的事故模型

航空维修安全管理的目的就是通过维修避免发生事故造成损失。根据事故致因理论,只有排除了不安全因素,根除了事故的基本原因事件,才能防止事故发生。事故预防就是根据事故致因理论,分析事故的致因及相互关系,采取有效的防范措施,消除事故致因因素。因此,预防事故的重要任务就是要通过查找导致事故的事故隐患或危险因素,并对可能导致的事故类型进行研究,提出消除危险因素的办法和措施,避免事故发生。

6.3　航空机务维修差错

6.3.1　航空机务维修差错的定义

航空机务维修差错的定义为:在航空机务保障活动中,机务人员受到内在、外在因素的影响,发生偏离维修目的、要求的行为偏差,导致人员伤亡或装备、设施和设备损坏,这种行为偏差称为航空机务维修差错。

从航空机务维修差错的定义来看,第一,维修差错是一种错误行为,这种错误行为导致了装备损坏或人员伤亡等不良后果;第二,维修差错是维修人员在维修活动中发生的一种差错,就心理本质而言,它属于人为差错的一种;第三,航空维修是一种严格受技术条件约束的复杂活动,维修差错与人在这种复杂活动中的心理特点和行为方式密切相关,具有特定的规律和研究预防的方法,并不完全等同于所有人为差错;第四,在维修过程中发生的错、忘、漏、损、丢等人为差错和因维修不当引起事故与事故征候的,都属于航空机务维修差错的范畴。

6.3.2　航空维修差错的特征

维修差错的特征是维修差错本质的具体反映,深入研究维修差错特征,对揭示维修差错的发生规律具有重要作用。通过对维修差错研究发现,维修差错的发生具有必然性、突变型、可积性和可逆性 4 个特征。

1）必然性

1949 年,美国航空工程师墨菲首次提出著名的墨菲定律:如果有两种或两种以上的方式去做某件事情,而其中一种选择方式将导致灾难,则必定有人会做出这种选择。墨菲定律的核心要义就是说,如果事情有变坏的可能,不管这种可能性有多小,它总会发生。从中我们可以得出,维修差错的发生是必然的,长期的维修实践也证实了这个定律的正确性。完成某一项维修工作,不管发生差错的可能性是多么小,当操作次数增多时,必然会发生差错。在航空维修工作中,只要存在发生维修差错的可能性,最后这些航空维修差错都会发生,如飞行时忘取空速管卡子,在进行检查座舱密封性工作时座舱压力调节器开关未放在工作位置,在拆装助力器时忘打开口销等。

虽然维修差错具有必然性,但我们绝不能拿它作为"差错难免"的借口。因为墨菲定律的实质在于启示人们:要想消除差错事件的发生,必须消除诱发差错的因素,其本意在于引导人们以积极的态度与差错作斗争。

2) 突变性

一般故障的发生往往具有量变到质变的过程,但维修差错的发生则不然,它与人的一次或几次操作失误相关联,操作的次数越多,发生差错的次数就可能越多,而且发生差错的量变过程极短,即维修差错的产生过程具有突变性。

3) 可积性

在航空维修过程中,一个差错一旦发生,如不能及时被发现和纠正,则可能诱导后一个差错的产生,后一个错误则可能发展前一个差错或发展成下一个差错。各环节上差错的这种递进与叠加,最终形成差错链而导致事故的发生,这就是维修差错发生过程中的可积性。

4) 可逆性

前一个错误如果被后面的人自觉或不自觉地纠正,二者可以相互抵消。即维修差错的发生具有差错产生、被发现、被纠正的特性,称为可逆性。例如,开关装反后,由于及时发现或无意地再次出错,则又可装正;机械员加油后忘盖或未拧紧油箱盖,机械师或专项质量检验时发现纠正后此差错即不复存在。

6.3.3　航空维修差错的分类

航空维修差错从不同角度分析可以分为不同的类型,主要从维修差错产生的后果、主导原因和现象进行分类。

6.3.3.1　按航空维修差错的后果分类

根据航空维修差错导致后果的危害程度,航空维修差错可分为 3 类,即重大维修差错、较大维修差错和一般维修差错。

(1) 重大维修差错是指因航空维修差错,导致机械原因飞行事故、严重地面事故、造成重大影响的其他差错之一的。

(2) 较大维修差错是指因航空维修差错,导致机械原因飞行事故征候、一般地面事故、造成较大影响的其他差错之一的。

(3) 一般维修差错是指因航空维修差错,导致丢、错、漏、损、伤等事件之一的,尚未构成重大和较大差错的其他差错。

6.3.3.2　按航空维修差错的主导因素分类

根据航空维修差错发生的主导因素可分为 3 种基本类型,即维护作风型差错、技术技能型差错和组织管理型差错。

（1）维护作风型差错。这类差错是指维修人员懂得所维修的航空装备的工作原理，知道航空装备的性能、构造、操作方法和不正确操作的后果，但因责任心不强、盲目蛮干，违反条例、规程和安全规则所发生的维修差错。其主要特征是：第一，发生差错者知道工作原理、操作方法和不正确操作的后果；第二，操作者处于主动地位，即只要操作者把安全放在第一位，严格按规程进行维修，差错是完全可以避免的。例如，忘打开口销、忘盖或未盖好油箱盖、多余物遗留在飞机上等。

（2）技术技能型差错。这类差错是指维修人员缺乏必要的专业知识和操作技能，因不懂或不熟悉操作规程和安全规则而发生的差错。其主要特征是：第一，差错发生者的专业知识缺乏、操作能力差，在操作中，搞不清怎样做是对的，怎样做是错的；第二，操作者处于被动地位，不能评估自己的行为后果，只要实施维修操作，随时都有发生差错的可能。例如，不了解测试仪器性能，损坏机件；试车中出现超温不会处置，烧坏发动机。

（3）组织管理型差错。这类差错是指因维修组织不严密或管理混乱而发生的差错。其主要特征是：第一，差错涉及两个或两个以上的环节，其中至少有两个环节违反了客观规律；第二，从预防角度看，管理者和执行者往往不能独立控制整体行为的后果。例如，试车组织混乱，人员被吸入发动机；质量控制混乱，造成有寿机件失控、误控等。

6.3.3.3 按航空维修差错的现象分类

按照维修差错产生的现象可分为：口盖、蒙皮未盖好；机构假上锁；错装、错调；遗忘；误操作；碰撞；丢失；漏检；失火；管理失控；技术失控；超期、超寿；少加油（气），忘加油（气），加错油（气）；损坏设施、设备；走火；其他等16类。

6.3.4 航空维修差错的影响因素分析

俗话说："知己知彼、百战不殆。"想要预防维修差错，首先要知道哪些地方和时机容易发生维修差错。维修差错的产生，从系统的观点来看，是由人、机、环境以及安全管理4个方面的因素相互作用的结果。为便于分析问题，我们把维修差错产生的原因分为人的因素、机的因素、环境因素与管理因素4个方面来讨论。

6.3.4.1 人的因素

人的因素是指机务人员本身的原因，可分为心理因素、生理因素、技术素质与维护作风等方面。

1）心理因素

人的心理活动是复杂多变的，心理品质和心理状态直接影响人的感知、判断和动作。在各类维修差错中，几乎都可以找到心理因素的踪影。心理素质好的维修人员，工作计划性强，有条有理，不慌不忙。遇到紧急情况时，能审时度势，迅速做出正确判断，采取有力措施预防事故的发生或最大限度地减少事故损失。然而，心理素质不强的人，在日常维修活动中可能还显现不出来，一旦遇到紧急情况就会心情紧张，手忙脚乱，不知所措，甚至因判断错误，造成更大损失。机务维修工作是一项极其复杂的技术工作，要求维修人员维修能力强，必须受过良好的专门技术训练，具有良好的心理素质。因此，加强维修人员的心理训练，形成积极的心理定势，是减少维修差错的有效途径之一。

2）生理因素

疲劳是一种复杂的生理现象，维修人员处在疲劳状态就会对维修工作的效率和质量发生影响,容易导致感知错误,注意力分散,动作紊乱,反应迟钝,出现错、忘、漏等差错,从而造成判断错误或动作失误。

疾病作为生理现象的一个方面,同样是不可忽视的。即使工作能力很强的人,由于带病坚持工作,也会出现维修差错。

生物节律作为人的一种生物现象,对维修工作也是有一定影响的。研究表明,人的生物节律具有周期性,形成高潮和低潮的起伏波动。对维修人员来说,自己应了解自己本身的生物节律,对处于高潮时,应充分利用自己的积极状态,抓紧工作,提高效率。处于低潮或临界期时,也不必灰心丧气或过分紧张,充分休息,调节生活内容和兴趣,同样可以有效地工作。

3）技术素质

因为缺少应有的专业训练,部分机务人员专业知识贫乏,维修技能低下,基本功差,直接影响了维修质量。一是对维修对象的基本构造、原理不清,工作中时常发生错用、装错机件等问题;二是基本操作技能低,不懂检查方法,表现为机件拆装、调试、修理、校验方法不正确,造成器材损坏或留下隐患;三是发现和排除故障的能力低,使飞机带故障飞行。

4）维护作风

在机务工作中违反操作规程和规章制度以及有关规定而发生维修差错,归根结底还是因为缺乏安全观念,维护作风不扎实,工作责任心不强的缘故。差错发生者懂得维护对象的工作原理、构造和操作方法,只要操作者加强安全观念意识,严格遵守安全规定,严格按维护规程内容工作,差错是完全可以避免的。

此外,维护作风不扎实还表现在工作内容简单时思想松懈,受到外界干扰时精力分散;工作忙时粗心大意,在维修工作中,往往造成误开、误关、误按等问题。

6.3.4.2　机的因素

机的因素是指维修对象本身及维修方法、手段等因素。主要可分为维修性因素、安全性因素和维修手段等因素。

1）维修性因素

维修性主要研究有关装备的可达性、适检性、易修性和互换性等,维修性是决定维修效能的物质基础,它直接影响维修的差错率,改进装备的维修性对减少维修差错起着重要作用。目前,部队现役机种从结构本身或存在着出现差错的可能性。例如,飞机在飞行准备时,盖油箱盖时,要防盖不好;装减速伞时,要防假上锁等。此外,飞机的开敞率低,给维修工作造成很多困难。再有,设备交叉率高,使工作环节增多,工作量增大,造成现场忙乱,易发生差错。

2）安全性因素

安全性因素主要是设计时候考虑的,安全性越好,人、机差错发生的机会越小,就会减少维修差错发生的次数。例如,飞机上常见的各种保险销,如座椅保险销、副油箱地面保险销、导弹地面保险销等,如果这些保险销没插好,就会因为某个误操作,如误拉误碰而导致维修差错,发生严重的地面事故,插好了保险销,就提高了维修的安全性。

3）维修手段因素

维修手段存在问题导致维修差错也是不可忽视的。如常用工具设备不良,用于检测、监控、调整等方面的工具设备不正常或故障,就不能正确反映维修对象的信息,在调整过程中不能正确体现人的意图,导致存在差错发生的可能。

维修手段的发展趋向是研制机上原位检测、状态监控、无损探伤等工具设备,并提出通用性、多用性和适应性的要求。手段越先进,自动化程度越高,人机关系得到缓冲,人的弱点得到补偿,差错减少。可见,在维修对象确定的情况下,改进维修手段是减少差错的一条重要途径。

6.3.4.3 环境因素

环境对维修安全的影响是不容忽视的。人的生理、心理状态与环境因素密切相关,环境因素通过对维修人员生理、心理的作用而影响维修工作的效率和质量。

1) 工作环境

恶劣的自然环境给外场维护带来困难,容易降低工作质量和产生维修差错。

(1) 温度。人的最佳工作环境温度为 18~22℃,在此温度下,工作效益高,差错发生率低。温度过高或过低都会产生不良影响,高温时会引起瞌睡、疲劳,工作能力降低,差错增多,低温时会使人动作不灵敏,反应迟钝,注意力涣散。

(2) 噪声。噪声对维修人员加工信息能力以及注意、记忆和反应速度发生影响。在噪声干扰下,维修人员感知过程受到影响,有时听不清别人的要求、提问或回答,有时注意不到周围的信号及人员活动。噪声也会使维修人员注意力不集中,出现错、忘、漏等差错。

(3) 照明。人的视觉在很大程度上依赖于周围环境的照明水平和对比度。在维修工作中,良好的照明有助于减少差错的产生,如飞夜航,晚上加班排故等。但照明提高到一定程度后就可能引起目眩,从而产生不利影响,如阳光的直射和飞机蒙皮上的反光将严重影响视觉。

2) 社会环境

社会环境直接影响维修人员的情绪和工作积极性,随着改革开放和商品经济的发展,机务人员的思想观念也发生了变化。有的人员学习民用技术劲头十足,钻研维修业务的兴趣不大,有的机械师甚至不会调整慢车转速和刹车压力,或者在工作中降低标准,草率行事,导致错误操作而产生维修差错。

6.3.4.4 管理因素

管理因素是多环节的因素,可分为计划环节、组织环节、实施环节和检验环节等因素。

(1) 计划环节因素。制定计划的内容、步骤、方法和人员分工,明确所需资料的供应关系和完成计划的时限,考虑有利和不利因素。计划不周,常会导致维护作风型和组织管理型差错。定好计划,是组织工作的起点。

(2) 组织环节因素。明确任务分工,明确其职责和各项具体要求,指挥调度,根据实际情况适时进行调度,要对现场的人员、飞机、车辆、工具设备、拆下的机件等的放置位置和人员、车辆的行动路线进行规划,做出规定,并随时加以维持。组织不当主要表现在技术力量调配上,如分工不明确,工作分配没有人尽其用,扬长避短等。

(3) 实施环节因素。各项措施的落实,维修工作前的各项准备工作的落实,设备、器材、原材料的准备,人员的安排,项目、进度的落实情况,充分发挥各级职能部门的管理作用。主要是方案、程序的正确性和落实的有效性。如一项工作在安排上程序交叉、中断过多,差错就难以避免。

(4) 检验环节因素。质量检验是保证飞机维修质量的重要措施之一。不少问题的发生是因不能严格落实质量检验制度造成的。一是做完工作后,违反规定,根本就不进行必要的复查、试验;二是检验深度不够,如不实施实地检验而是以问代检等。

6.3.5　航空维修差错的分析模型

维修差错是一种人为差错,与人为因素密切相关,人为差错的科学性研究始于 20 世纪 50 年代,70 年代得到进一步发展。不同的专家对造成人为差错的原因有着不同的理解,下面介绍几种航空维修差错的分析模型。

6.3.5.1　SHEL 模型

SHEL 模型是 Elwyn Edwards 教授 1972 年提出的,如图 6-6 所示。该模型是一种以人的因素为核心,用于研究系统其他因素与人相互影响的工具。用简化的方法表示复杂系统,具体、形象地表现人为因素研究的范围、基本要素以及它们之间的相互关系。其中,S——SOFTWARE,软件是指系统提示的信息(广义的信息),它包括手册、程序、检查单、计算机软件、符号、专业知识等;H——HARDWARE,硬件包括各种工具、测试设备、机器、飞机、计算机硬件、通信设备等;E——ENVIRONMENT,环境是指操作人员周围的各种条件,即那些操作人员无法控制的条件,它包括机库条件和飞行任务等环境以及工作方式,管理机构等;L——LIVEWARE,生命件是系统中有生命的组成部分,换言之,即系统中的人,包括维修人员、主管、计划人员等。

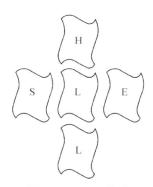

图 6-6　SHEL 模型

在此模式中,各界面的匹配非常重要,有一处不匹配就意味着是一个人为错误源,人是这个模式系统中最重要的组成部分。各界面之间的不匹配关系如下。

(1) 人—软件(L-S)。系统中人与其工作场所中软件系统之间的关系,软件包括人与系统的非物理方面,如规章、操作规程、手册、检查单和计算机程序等。曲解程序、编写的手册不实用、设计不合理的检查单、未经测试或难于使用的计算机软件等,这些存在的问题并不像人与硬件的关系那样有形可见,因而较难查出并解决。

(2) 人—硬件(L-H)。当讲到人机系统时,这个界面通常考虑得最多:没有足够的工具,不适当的设备,飞机维修性设计很差。例如,仪表面板设计要适合人的特点,显示要符合使用者的视觉和信息处理习惯等。再如人机关系,维修时维修人员有良好的工作姿势,维修部位看得见,够得着,维修工具合适,设备拆装简便,就不容易发生维修差错,维修工作质量和维修工作效率就高。但由于人具有适应人与硬件不匹配关系的特质,容易将缺陷隐藏起来而不是消除。

（3）人—环境（L-E）。人与环境是航空业最早认识的界面之一。人与环境的关系指的是人员与内部、外部环境之间的关系。内部环境主要包括灯光照明、噪声、通风、振动、文化氛围。维修不舒适的工作场地、不适当的机库空间、过高的温度、过大的噪声、照明差等都对人为差错的发生有很大的影响。外部环境主要是指社会环境、国家方针等。人与环境的不匹配最初解决办法是使人适应环境，后来慢慢趋向于对环境进行人性化设计和改造。

（4）人—人（L-L）。人与人的关系指的是维修工作场所中人与人之间的关系，如维修人员、质量检验人员等。在航空维修保障活动中，这一界面是最复杂也是最重要的界面，这一界面的缺陷可导致灾难性后果。原因在于，维修保障是各种专业人员共同参与的一项集体活动，如果人与人之间出现裂痕或误解，就会引起人的错误。如地面试车或拆装座椅，分工不明确不具体，就会影响机组的正常交流，难以发挥成员间交互检查、互相帮助配合的作用，有时甚至导致冲突。按照传统的做法，技术熟练度测试是针对个人进行的，如果机组的每一成员的技术都非常熟练，则认为由这些成员组成的小组也是熟练和有效的。然而事实并非如此。多年来，人们的注意力已逐步转向团队工作好坏的评判上。

人的行为是环境熏陶和制度约束的结果，组织文化、单位风气、工作压力以及人和人之间的关系会对人的思想和行为产生重大影响。

SHEL 模式认为，差错容易发生在以人（L）为中心的与软件（S）、硬件（H）、环境（E）及其交互作用的系统中。以人（L）为中心，每个 L 与 S、L 与 H、L 与 E、L 与 L 相互之间的关系与作用，综合起来就会形成某些结果而表现出来。人是这个模式的中心，被认为是系统中最重要的，同时其适应能力也是最重要的组成部分，其他部分必须适应于它并与之相匹配，无论是系统中的哪一个因素与人的关系出现不协调的情况，都有可能导致关系失衡甚至系统崩溃，即发生事故。

SHEL 模型告诉我们，无论机器的自动化程度高到何种程度，在软件、硬件、环境与人组成的系统中，人始终是作业系统中的主导因素，同时由于人类自身的局限性，在受限制的系统中表现有差异，人也是容易变化和不可靠的因素，我们应从提高维修人员的专业水平，优化工作程序，完善工具设备，采用自检、互检、复检等预防措施来避免差错。

6.3.5.2　Reason 模型

Reason 模型是 1990 年英国的曼彻斯特大学教授詹姆斯·里森（James Reason）在其著名的心理学专著 *Human Error* 一书中提出的概念模型，原始模型在理论建立后被迅速而广泛地应用于人机工程学、医学、核工业、航空等领域，并通过国际民航组织的推荐成为航空事故调查与分析的理论模型之一。

詹姆斯·里森按差错产生的原因层次把差错分为显性差错和隐性差错。显性差错是指对事故发生产生直接作用和影响的行为，是事故的直接原因。一线操作人员如机械师、机械员的维修差错大多属于这一类。隐性差错是指对事故的影响是间接的、潜在的，是事故原因背后的原因。隐性差错通常在事故发生前就已经存在，但不会立刻显现出不良影响，当系统的防御被打破，隐性状态就变得明显。飞机设计制造缺陷、管理漏洞就属于这一类。

詹姆斯·里森认为，有组织的系统活动可以被划分为不同的层面，从系统的高度来看，各个层面的组织活动与事故的最终发生都有关系，在每个层面上都存在漏洞，不安全因素就像一个不间断的光源,刚好能透过所有这些漏洞时,事故就会发生,这些层面叠在一起,如同有孔的奶酪叠放在一起,因此,Reason 模型又称为瑞士奶酪模型,如图 6-7 所示。

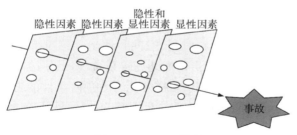

图 6-7　Reason 模型

不同层面的活动在时间、空间或逻辑上与事故的间隔有近有远。与事故在时间、空间或逻辑间隔上较近的活动对事故发生的影响是直接的、显性的,这些层面上的漏洞称为现行失效,对事故发生产生直接作用和影响的行为是显性差错。现行失效(显性差错)通常由一线工作者所为,如维修人员无意识的疏忽大意、不恰当的处置或故意的违规等。现行失效(显性差错)在事故发生后很容易被确定,并可以马上采取有针对性的补救措施或给予惩罚警告。

Reason 模型的重要价值在于它揭示了事故的发生不仅仅与事故直接相关的生产活动(现行失效)有关,还与离事故较远的其他层面的活动和人员有关,这些其他层面的缺陷和漏洞被称为潜在失效,这些导致事故发生的间接的、潜在的原因就是隐性差错。潜在失效多为管理决策缺陷,这些缺陷或漏洞在过去已经存在,一直处于潜伏状态。当组织管理、安全监督、不安全行为的潜在失效均被突破时,人的不安全行为的显性失效就会导致不安全事件。也就是说,不安全事件不是由单个因素引起的,也不是由单个人引起的,而是大量潜在失效和显性失效共同导致的。

系统中各个层面上不可避免地都会存在漏洞。从统计的角度来讲,各个层面上的漏洞越多,不安全因素光线穿透整个系统各个层面而发生事故的概率就越高。显然,由 Reason 模型得到启示,要最大限度地降低事故发生的概率,主要的途径有两种:①减少每个层面上的缺陷或漏洞;②增加防御层面,尤其是深层的防御屏障。

Reason 模型还强调了在系统内增加或强化人为差错防御屏障的概念,尤其是深层的防御屏障(如重复检查、起飞前的功能测试等)。这些防御屏障的增加将进一步降低不安全光线穿过系统的概率,进一步避免人为差错产生的不良后果,减少事故的发生。也就是说,一旦建立有效的防御屏障,即使出现人为差错,也可得到及时发现、阻止和纠正,不会导致事故发生。这一模型的核心点在于视野开阔的系统观,在对不安全事件行为人的行为分析之外,更深层次地剖析出影响人的行为的潜在组织因素,从多角度、全方位的视野拓展了事故分析的范围和深度,并以一个逻辑清晰的事故反应链对所有相关因素进行了理论串联。

Reason 模型表明,事故的发生需要许多因素的共同作用,并打破系统的防御。像航空这样复杂的系统都是由多层防御进行保护的,所以某个单一的因素很难导致事故的发生。事故不是从底层(一线操作人员失效)开始的,相反地,这其中涉及长期存在的组织缺陷(隐性状况)以及起作用因素的相互作用共同导致的。同时,当操作人员处于系统界面的末端,他们并非事故的策动者,而是"已等待中的事故"的承受者。组织因素是所有致因因素中的根本原因。这就说明现有的解决维修人为因素事件重点放在解决一线操作人员身上,效果为什么不明显的原因。操作人员的现行失效只是安全问题的症状,而非原因。仅仅认识到现行失效,惩罚差错的当事人,只能在一定程度上降低事故率,若要最大限度地降低事故率,必须挖掘在时间、空间和逻辑上远离事故现场的深层次各个层面上的漏洞,并修复它们,这样才能更彻底地完善系统,降低事故率。解决维修人为因素事件重点应该放在根源即组织因素上,这样才能有效预防事件的再次发生。若维修人员的疏忽大意主要是由不合理的休息制度引起的疲劳造成的,不合理的休息制度不改变,维修人员类似的疏忽大意导致的事故就会多次重复发生。

6.3.5.3　HFACS(人为因素分析与分类系统)原理

Reason 模型提供了一种识别机械故障、个人差错、组织差错以及预防差错的思维方法,把所有的人为差错模型组成一个统一的框架。但它是一个抽象的理论,没有指出不同层面的"漏洞"到底是什么,更没有说明在进行维修差错分析中如何查找这些"漏洞"。

自 1997 年,美国学者道格拉斯 A. 维格曼(Douglas A. Wiegmann)博士和斯科特 A. 夏佩尔(Scott A. Shappell)博士基于 Reason 模型开始构建 HFACS(Human Factors Analysis and Classification System),在理论和实践间架起一座桥梁,专门用来定义 Reason 模型中的隐性差错和显性差错,在分析人为因素导致的数以百计的事故报告的基础上,提炼出 HFACS(人为差错分析与分类系统),按与航空不安全事件关系由近及远将人为因素划分为 4 个层级,每一个层级对应于 Reason 模型的一个层级,框架中的每个较高层级会直接影响下一层级,从低到高的 4 个层次分别是不安全行为、不安全行为的前提条件、不安全的监督、组织因素,具体如图 6-8 所示。

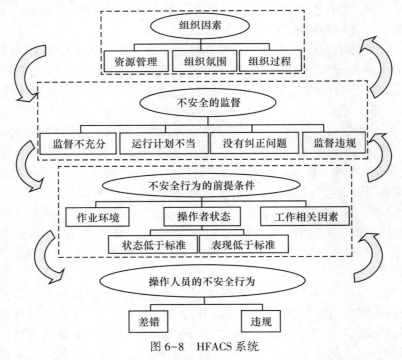

图 6-8　HFACS 系统

1) 操作人员的不安全行为

不安全行为包括差错和违规。差错是指人的行为在非故意的情况下偏离了要求、意愿和期望的行为,它是由精神、心理、认知和技术能力上的缺陷或局限造成的。违规指的是没有遵守规章制度的行为。差错和违规的共同点是人都不想得到坏的结果,有时甚至是出于良好的愿望,本质的区别在于操作者事先是否知道偏离了规定。例如,如果将茶杯放在桌子的一角,人不慎将茶杯碰落了,这种不安全行为是失误。人为了节约时间横穿封闭的高速公路,这种不安全行为是明显的违规。

(1) 差错。差错主要包括基于技能的认知失效、记忆失效和行为过失等失误及基于规则与知识的错误两种。前者是行为计划完全正确,但是行为没有按照计划进行。后者是行为完全按照计划进行,但计划本身并不足以达到预定的目标。

基于技能的认知失效主要有错误识别物体、信息、信号等和没有探索到存在问题的状态(检查或监控失效)两种情况。错误识别涉及对我们感官收集到的信息进行错误的解释。产生的主要因素有 5 种。①相似性。正确物体和错误物体的外观、位置和功能类似的相似性,在光照不好,无法接近等时情况会更糟。②模糊性。光照不好及信噪比的影响。③期望。看到我们所希望看到的。一旦形成了对当时情形的观点,即使有与其抵触的信息,我们也倾向于选择能证实自己预感的信息,很少试图证明自己是错的,这样往往会忽视与自己猜想相悖的情况。这就是"人的思维的局限性"。例如,在排故时,维修人员可能因为确定了最可能的原因,就会全力以赴去证明这就是问题所在。起初对故障的错误诊断会先入为主地阻碍我们考虑其他的可能性。例如,一架飞机存在"当使用刹车系统时飞机会向左偏"的故障。维修人员诊断故障时首先认定其原因是刹车系统与左轮粘合在一起所导致的。然而,经过很长时间的努力仍然没有解决问题,这时才发现问题实际是因为右刹车系统失效导致的。④熟悉。在非常熟悉的习惯性任务中,感知会变得粗略。熟悉与期望类似,尽管信息有的时候是错误的,我们仍会将粗略的感知信息与我们所熟悉或预期的事物匹配。没有探测到问题状态,即使有先进的故障检测技术,大部分故障检测任务仍然依赖于人的眼睛来完成。没有检测到问题状态,通常是因为在检测时忽视了一个可见的故障。

导致这类差错的主要原因:检查在检测到缺陷前受到干扰或被打断;检查虽然完成,但是由于人的分心、内心考虑别的事情,就会疲惫或匆忙地完成;人并没有期望在该位置发现问题;注意到了一个缺陷,但是又往往忽略掉临近它的另一个缺陷;光照不好、污垢或油脂;休息时间不够;可达性不好;还可能是警觉性下降的问题。在第二次世界大战中,人们发现雷达操作员值班约 20min 后,会越来越容易忽略一些明显的目标。常常是路过的人无意中发现了雷达图像,而操作员却全然没有注意到该目标,虽然操作员很想将注意力集中在屏幕上。例如,用孔探仪探测、医学 X 射线检查和企业质量控制检查等。人多的工作环境通常会使人警觉性更好。

基于技能的记忆失效。记忆失效是最常见的失误原因,在约 20% 的事故征候中曾出现。记忆失效可能发生在 3 个信息处理阶段的一个或多个阶段。①输入失效。没有给应记住的项目分配足够的注意,没有记住被告知的事情以及没有注意到先前的行为动作,因此它从短期记忆(意识工作空间)中消失了。当介绍某人给我们时,在一系列关于这个人的信息中最可能忘记的是姓名,原因是:要记住姓名需要特别将注意力放在这上面,但是这样做就有可能忘记他的长相和职业等。因此,适当分配注意力给某事物是日后能记住它的重要前提。没有注意到先前的行为动作,实际上是没有留心。我们在执行熟悉的日常任务时,大脑几乎总在想其他的事。②储存失效。长期记忆中记住的事物衰退或受到干扰。储存失效有多种形式,但最可能对维修工作造成不利影响的是忘记了所要做的事情。对于一些任务有时不会马上开始,而是将任务记住,等到合适的时间和地点再开始。但是这种记忆特别容易忘记或被岔开,使行为没有按预想的完成。很多维修人员都有过这样的经历,驾车回家的路上突然想起"我是否做过或没有做过某事情?""我是否完全拿开了工具?"这样的事来。还有一种很常见的情况,是想起了自己的打算,于是着手去做,但是在做的过程中,因为想别的事情或被别的事情打扰,所以忘记自己做事的初衷。③提取(或输出)失效。有些是我们知道的事物,然而,在需要时却无法回忆起来。受到干扰后忽略,身边让人分心的事物可能会影响你无法执行必要的检查。例如,你要拿一本手册,但是在将它从架子上拿下来时碰倒了其他书。你将碰倒的书放回原处,离开的时候却忘记拿走自己想要的手册。仓促结束,是在没有完成一个任务的所有工作时就终止了该任务。当某项日常任务快要结束时,我们的思维会提前跳跃到下一个任务。所以,我们很可能会遗漏第一个任务中最后需要完成的一些步骤。

基于技能的行为过失。维修人员的技能越熟练、经验越丰富,就越能自动地完成相当复杂的任务。维修工作有很多熟悉的步骤,从而自动地形成日常的技能。如果没有这些自动技能,工作进展将非常缓慢。例如,补给液体、拧紧螺丝和检查压力等都可以成为基于技能的日常行为。当自动技能以不希望的方式控制我们的行为时,即产生行为过失。行为过失可能特别危险,无意识的思维会做出有意识的思维绝不会做的事情。你正在执行一个非常熟悉的行为时,错过了选择点,你的行为就沿着熟悉的路线运行。这错误的路径是比正确的路径更为熟悉、使用频率更多。原计划回家的路上停下来买点东西,结果却一直开车回到家门。

基于规则的错误。一是滥用好的规则(或假定)。规则可能就是一些经验法则,一个好的规则是过去已经证明其有价值。将一个好的规则应用在不恰当的情况下,也许是因为习惯或者没有探测到环境的变化,容易忽略的重要差异。面对一个问题,可能既显示出可以使用好的常见规则的迹象,同时又出现不能使用的迹象。可能在很长时间或大多数情况下使用那条好的规则都工作得非常好,我们很容易假定这次情况也一样。但是当出现例外时,继续沿用这个规则就会导致差错产生。因此,特别需要我们认真判断。二是应用坏的规则(或习惯)。应用坏的规则(或习惯)会出现非预期的后果。很多人在工作中会养成某些坏的习惯,它可能在一些场合中能够完成工作,因此会成为工作程序的一部分。在这些坏习惯或坏规则没有引起后果前,没有人去纠正它们,因为工作照样能完成,而且很多时候并不会出现坏的结果。

基于知识的错误。当我们面临新的问题或形势,必须回到"基本原理"来理解要采取什么行为的时候,就要采用基于知识的问题解决。一项对飞机维修人员工作的分析发现,维修人员处理这种情形所花的时间还不到4%,虽然大部分需要基于知识的问题解决的场合都能最后顺利解决。但是,这些任务是维修人员遇到的情形中出错率最高的。采用基于知识的问题解决出错有两个原因:一是问题没有解决;二是缺少系统知识。虽然缺乏经验的维修人员最可能出现基于知识的差错,事实上,即使经验丰富的人有时也会出错。新的或不熟悉的任务,或者是不同寻常的改装以及很难诊断的故障都会导致基于知识差错的产生。在维修人员将近 60% 的报告中提及，即使不确定是否做得正确，他们还是会继续完成这个自己并不熟悉的工作。

（2）违规。按照发生频次可分为习惯性违规和偶然性违规。习惯性违规本质上讲就是习惯成自然，负有管理责任的人常常能够容忍它的存在，也常被监督者认可的行为。例如，带钥匙链钻进气道检查发动机，飞行时带手机等。偶然性违规是指偏离规章甚远的孤立事件。与习惯性违规不同，它不是个人的典型行为模式，也得不到管理者的容忍。需要重点指出的是，尽管多数偶然性违规是不可饶恕的，但它们并不因为自身的性质比较极端而被认为是"偶然性的"，而是因为他们既不是人们的典型行为也得不到权威的容忍。

按意识形态分，违规包括有意违规和无意违规。有意违规即明知故犯，是指人在不正确的思想情绪和心理动机支配下，有意识乃至有计划的违章违纪行为。一是例行公事式的违规。这类违规往往就像例行公事那样，企图避免不必要的努力、工作敷衍了事、企图显示自己熟练的办事效率、或企图避开看似多此一举的程序。二是寻求痛快或快活式的违规。人们有很多目标，但并非所有的目标都与工作有关。这类违规往往是为了逞能、避免单调或者仅仅是为了一时的痛快。有意违规这种习惯与漠视法规和领导的监管缺失密切相关。例如，在前起落架顶起，未顶主起落架的情况下，机组更换左起落架下位锁。更换过程中，在拆卸下位锁前固定接头时，左起落架自动收起，导致飞机侧偏事故，其根本原因就是纪律观念不强、虚荣心作怪。无意违规是指机务人员在主观上没有明知故犯的动机和打算，因为思维方法片面或者遇到特殊情况慌乱处置造成违纪违章错误。

2）不安全行为的前提条件

在航空维修方面，不安全行为的前提条件是指一线操作者不安全行为发生的背景因素，以及发生不安全事件的明显错误和潜在诱因。它包括作业环境、操作者的状态和工作相关因素。

（1）作业环境可分为物理环境和技术环境。物理环境既包括操作环境（机场位置、气温等），又包括操作者周围环境（噪声、光源等）。技术环境包括装备设计、人机界面特征、操作规程、维护指令、任务描述及自动化水平等一系列问题（飞机结构的复杂性和可达性、零备件标识的缺陷、工具校准缺陷、作业空间狭小、维修文件、程序和工作卡存在的缺陷）。

（2）操作者状态不佳往往是导致事故的重要原因。一是操作者的状态低于标准，强调个人层面的诱因。精神状态对做任何事情都至关重要，尤其是在航空领域。HFACS 对精神状态差进行了分类，用来说明哪些因素影响绩效的精神状态。其中最重要的是睡眠缺乏和其他应激源导致的失去情景意识，过度关注任务，注意力不集中以及精神疲劳。除了精神疲劳往往使人注意力不集中，失去情景意识，还有自负、自满、匆忙、厌倦、单调、不良动机和危险态度等都是精神状态差的表现。不管什么原因导致了人精神疲劳，他们发生差错的可能性都会增加。同样，自负和其他的危险态度如傲慢以及感情用事都会影响到违规的发生。生理状态指妨碍安全操作的个人医学状态。人体各功能系统和人体的各机能器官及生理节奏规律、人体的疲劳特性、疾病等。生理心理局限强调人与任务之间的匹配性，若任务要求超越操作者的生理心理限度，就会出现维修差错。身体、智力局限指操作要求超过了操作者的能力范围。例如，人的视觉系统在夜间受到很大的限制，在机务工作中（身体的局限表现）不良的人素工程设计，机务人员常以躺、爬、卧、蹲等姿态操作，人很易疲劳，就会出现维修差错。二是操作者的表现低于标准，强调个人工作前的准备和机组成员之间的协调配合。①协同不细。机组人员工作除了明确分工以外，还有一些需要协同才能完成的工作，如装挂副油箱和导弹等。②准备不足。如果个体在体力上或者精力上没有准备好，个人的准备状态就会出问题。例如，工作前不节制的饮酒、睡眠不足或完成任务的工具未准备齐全，私自用药等。

（3）工作相关因素包括维修任务的不安全特性和机组资源管理。机组资源管理主要是强调维修任务过程中的信息沟通、情景意识、任务分配及领导决策等内容。机务维修资源管理主要强调维修任务过程中的信息沟通、情景意识、任务分配及领导与决策等内容。如班次之间或班组成员之间对已执行的工作项目不作清晰的交流，就可能导致遗漏错误。如工作任务异常单调或复杂、易混淆，初始批准的文件不易理解，资料未及时更新，工作卡漏项目、翻译不正确，可操作性差或次序混乱等。这些程序是维修人员的操作指南，存在缺陷必然会大大增加出现维修差错的概率。

3）不安全的监督

任何成功的组织都有健全的专业指导和监督。缺少指导和监督，就会给差错和违规提供"温床"。授权个体独立决策并行使职能固然重要，但不能和监督者行使权相冲突。

（1）监督不充分。监督能力直接决定了监督绩效。如果监督机制不完善、监管队伍不健全、监管人员专业知识匮乏、缺乏权威与责任感、监管手段落后、安全信息获取反馈渠道不畅，必然导致安全监督不充分，安全隐患得不到及时发现和纠正。安全监管不到位、不具体，制度不落实，监管效果大打折扣。

（2）运行计划不适当。机组的操作节奏以及值班训练安排不合理，危及机组休息，使得机组在冒很大的风险，并最终导致机组绩效受到不利影响。这种操作节奏，尽管在紧急状态时无法避免，但通常是不能接受的。

（3）没有纠正问题。监督者知道个体、装备、培训和其他相关安全领域的不足之后，仍然允许其持续下去的行为。一再地出现没有纠正问题以及违反纪律的行为，必然会促使不安全的氛围产生，并助长违反规章制度的现象发生。

（4）监督违规。监督者故意忽视现有的规章制度的问题。尽管很少出现这种情况，监督者在履行其职责时，有时还是会违反规章制度。没有执行现有的规章制度或者藐视权威，也是监督层次的违规。

4）组织因素

管理中上层的不恰当决策会直接影响监督实践，同时也影响操作者的状态和行为。但是，由于没有能用来进行调查的清晰程序和方法，这些组织层次的差错经常被安全专业人员忽视。一般来说，多数难以发现的隐性差错包含在与资源管理、组织氛围和组织过程相关的事件中。

（1）资源管理包括所有层次的资源分配及维护的决策，如人力资源、资金、装备和设施。资源管理不当主要是指在组织资源的管理、分配与维持上存在的问题。如人力资源管理不当，内部信息资源在部门间缺少沟通、设备资源不足等。一般而言，关于这些资源如何管理的所有决定，通常基于经常相冲突的两个目标：安全的目标和战斗力的目标。这两个目标有时需要加以平衡和进行一些取舍。不幸的是，以往事实告诉我们，安全和训练往往输掉，同样，它们也是很多组织在财政困难时期首先砍掉的。

（2）组织氛围是指影响人工绩效的多种因素。形式上，它可以定义为"组织根据形势对待一个人的一贯态度"。组织氛围的标志是它的结构,这可以从其行政管理系统、授权方式、信息传递通道以及行为的正式责任上反映出来。不良的组织气氛,如容忍习惯性做法、为维护局部利益隐瞒不报、忽视维修过程中的小差错、管理层与一线维修人员对立、过分强调惩罚等。组织文化和政策也是涉及氛围的重要因素。文化指的是组织的非官方的、没有明说的规矩、价值观、态度、信念和习惯。简言之,文化是"真正围绕事情的处理方式"。政策是指正式的指导方针,用来指导像引进和解雇、晋升、留职、病退以及对组织的日常事务很重要的其他一系列问题的管理决策。当政策制定错误、有故意、相互冲突或者被非正式的规矩和价值观排挤时,就会导致很多混乱。

（3）组织过程是指组织管理日常活动的行政决定和规章,包括制定和使用标准操作程序以及在劳动力与管理之间维持检查和平衡(失察)的正式方法。正规、严密的组织实施是预防维修差错的有效途径。如果秩序混乱,维修设备、工具随意摆放,维修差错也就在所难免。不按程序检查交接飞机、计划调整不及时通报相关人员,必然导致工作上的混乱。如果指挥用语不规范、指挥意图不明确、特情处置指挥不果断等,都可能导致维修差错的发生甚至扩大维修差错后果。其他组织因素,如操作节奏、时间压力、工作进度都是影响安全的因素。如上层组织决定增加操作节奏,可是它大大超出了监督人员的能力范围。

HFACS(人为差错分析与分类系统)是一个开放的体系,系统本身只是提供了分析的基本框架和思路,不可能包罗万象、面面俱到,有赖于在实际运用过程中不断丰富并随着形势的发展不断完善。同时,每一个层面各要素的影响原理、影响方式也需进一步研究。如疲劳对人为差错是如何影响的,政策文化对安全监督和操作者状态的影响存在哪些变量等,都需要在具体分析中提供实践依据。

6.3.5.4　航空维修差错致因模块分析法

维修差错的产生机理非常复杂,产生及要素之间的发展关系难以解释。为了更好地分析和预防维修差错,在对历史大量维修差错案例统计分析的基础上,建立了维修差错致因模块分析模型,该模型由 3 层共 34 个致因模块构成,如图 6-9 所示。

1）维修差错致因模块底层

维修差错致因模块图的底层是维修差错。它分为技能型差错、知觉型差错和违规型差错三种类型。

（1）技能型差错,包括技术盲点和技术遗忘两类。技术盲点是指缺少系统的知识,对装备的原理、构造、操作方法、标准等不懂不会而导致的差错,如不会安装机轮,不会测量数据。技术遗忘是指曾经会检查操作,但由于长时间不工作或其他因素忘记而导致的差错,如忘记充氧气的压力值,忘记试车操作程序。

（2）知觉型差错,包括感知不到、认知偏差和记忆失效 3 类。感知不到是指人体感觉器官接受到的信息量不够,或者在信息不明确、不准确的基础上形成的差错,如没有听到轮胎漏气声、没有看到机翼漏油、没有听清中队长的指令。认知偏差是指人对感官接受信息的处理过程中,出现理解和判断错误的偏差,如把清水误当作酒精,理解机械师指令错误。记忆失效是指因智力或受到干扰,忘掉某个事、某个环节或某个指令,如忘记打保险、忘记加油、忘记传达指令。记忆失效与技术遗忘都与智力有关,其区别在于,记忆失效侧重于某一项工作,一般与业务技术无关;技术遗忘侧重于工作的程序、标准等,一般是与业务技术不熟练有关。

（3）违规型差错,包括习惯性违规和偶然性违规两类。习惯性违规是指长期形成的违反规定的习惯性差错,这种行为往往被忽视或容忍。偶然性违规是指偶然违反规定导致的差错。

违规型差错与技能性差错的区别在于,技能性差错是不掌握操作方法、标准而导致的;违规性差错是知道有相关规定要求,却没有按规定要求去做。

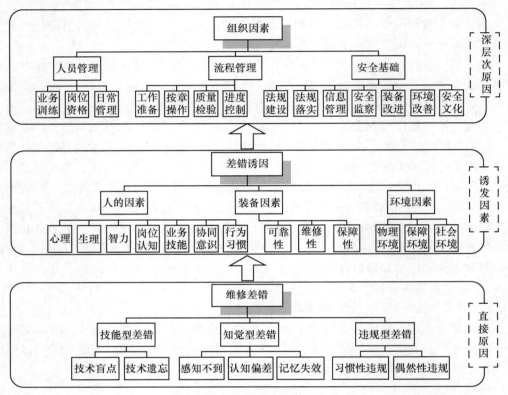

图 6-9　维修差错致因模块分析模型

2）维修差错致因模块中间层

维修差错致因模块图的中间层是产生维修差错的差错诱因。由人的因素、装备因素、环境因素 3 类 13 个致因模块构成。

（1）人的因素,包括心理、生理、智力、职业素养、业务技能、行为习惯等。心理主要包括反应速度、动机、情绪、意志、注意、压力、心理疲劳、错觉等,人的行为受其自身心理活动的支配、调节和控制,如出现自负、恐惧、冲动、急躁等不良心理时,就会大大增加差错发生的可能性。生理主要包括人体的尺度、体力、健康、视力、听力、疲劳、年龄等,当人体的生理状况不佳时,如果不能及时调整,就会提高差错发生的概率。智力与人的先天智商、后天培养有关,也受外界因素的干扰。职业素养是人的世界观、人生观、价值观在机务工作中的反映,包括责任意识、安全意识、协同意识、法规意识等。业务技能是指业务技术水平和岗位所需要的基本能力,包括技术水平、操作熟练程度、工作经验等。行为习惯是指日常工作、生活中养成的习性。

（2）装备因素,包括装备可靠性、维修性、保障性等。可靠性是指装备在规定的条件下和规定的寿命期内,完成规定功能的能力,主要包括装备故障、故障率、环境适应性、性能的稳定性。维修性是指装备的一种质量特征,也就是设计中赋予装备维修简便、迅速、经济的固有属性,主要包括维修可达性、维修复杂性、防差错设计等,良好的维修性能够降低维修工作的难度,减少维修差错发生的可能。保障性是指装备的设计特性和计划的保障资源能满足作战训练要求的能力。

（3）环境因素,包括物理环境、保障环境和社会环境。主要强调环境与作业的适应程度。物理环境对机务工作影响较大的主要有气候、温度、噪声、照明、作业空间等。机务工作多数在外场露天进行,受地理和天气条件的制约,夏天高温易引发疲劳、瞌睡、乏困,工作能力下降,冬天低温易使人反应迟钝,动作不灵活,注意力涣散;强烈的噪声对人的大脑皮层有很大的刺激和破坏作用,在发动机等强噪声干扰下,维修人员听不清别人的要求,降低了操作的准确性;过亮、过暗或对比度差,以及混乱的工作场所也会对工作质量产生不利影响。保障环境包括制度规程、技术资料、航材保障、四站保障、车辆保障、饮食住宿等,如需求不能及时得到满足时,对人员生理、心理、工作程序、标准等受到干扰;此外,还有飞行人员航空装备使用或其他保障人员遗留隐患等。社会环境包括社会关系、人际关系、家庭生活等,生活中的不称心带到工作中,必然影响工作效果。

3）维修差错致因模块顶层

维修差错致因模块图的顶层是导致维修差错的组织因素。由人员管理、工作组织、安全基础 3 类 14 个致因模块构成。一般认为是维修差错产生的组织因素,它贯穿于维修保障工作的各个环节,直接影响中间层的差错诱因。

（1）人员管理,包括业务训练、岗位资格和日常管理。业务训练包括院校或训练机构教育、部队岗前培训和在职培训等。岗位资格包括上岗考核、岗位资格认定、证书管理等。日常管理包括对机务人员工作、休息、娱乐时间的合理安排,心理疏导,工作积极性调动,工作习惯的养成等。

（2）工作组织,包括工作准备、工作条件、现场管理、资源调配。工作准备包括计划协同分工、预想预测、安全教育、技术准备、保障准备等。工作条件是指对保证维修保障工作所需各项条件的把握,包括管理和技术力量、任务安排、物理环境、保障环境、时间进度等。现场管理是指对维修现场各项工作的检查监督,包括对工作流程、按章操作、质量检验、维修秩序等方面。

（3）资源调配,它是指对任务、人员、装备、保障资源等的调动控制,以及工作进度控制等。

（4）安全基础,包括法规建设、法规落实、信息管理、安全监察、装备改进、环境改善和安全文化。法规建设指相关法规制度的制定和完善。法规落实主要指安全教育、形势分析、免责报告、检查整顿、安全奖惩等管理制度的落实。信息管理主要指维修差错信息的收集、处理,利用信息查找维修保障中存在的差错隐患,从而采取针对性预防措施。安全监察主要指检查监督和对存在问题的纠治等。装备改进是指对装备固有可靠性、维修性、保障性的设计改进。环境改善是指对物理环境、保障环境、社会环境的改善。安全文化是维修差错产生的最深层次的影响因素之一,主要包括管理者的安全理念、管理方式,所处的工作氛围、人际关系等。

6.3.6 航空维修差错的预防

对维修差错的预防,必须从根源入手,深入理解维修差错产生的机理、发生的规律,从人员、装备、环境、管理上下功夫,提高人员素质和安全意识、消除装备不安全因素、创造良好的工作环境、加强科学化管理,从根本上预防和杜绝维修差错问题,才能确保维修安全。

6.3.6.1 强化人员素质教育

重视安全思想教育,提高人员安全意识。在航空维修系统内开展经常性的安全教育是预防维修差错的一项重要工作内容,主要包括部队有关保障安全的指导思想、方针政策、条令条例和相关规章制度。通过教育提高维修系统各级管理人员和广大维修人员的安全意识,牢固树立"安全第一"的思想,提高贯彻落实各项法规制度的自觉性,增强维修人员的责任感、使命感和道德感。

学习安全技术知识,提高预防事故能力。安全技术知识包括飞机使用和保障流程、作业方法、装(设)备性能质量、飞机的危害特性、飞机使用中可能出现的危险因素、飞行事故形成的机理规律、安全防护的措施方法、异常情况的紧急处理方案、发生事故的紧急救护和自救措施等。通过安全技术知识的学习,使全体人员的安全知识、安全能力和安全素质不断提高,安全操作能力、决策能力和预防事故能力不断增强。

6.3.6.2 注重装备系统设计

注重人素工程设计,提高机务维修质量。将人素工程设计要求纳入装备的设计中去,使设计的装备符合人的生理与心理因素和人的形态特性、功能特性与其它复杂特性,即具有良好的人机界面,为装备使用、维修与保障人员创造安全、舒适、健康、高效的工作条件,最大程度地降低人为差错的发生,保证装备安全可靠地遂行作战训练任务。

开展防差错设计,降低差错发生概率。开展防差错设计,是从源头上消除或控制差错发生的可能性。装备或设备具有产生维修差错的可能性,是其本身具有的一种属性,从单个维修差错事件的发生来看,它具有偶然性,但从宏观上来看,却具有规律性。通过规律进行防差错设计,将装备使用维修过程中人为差错发生的可能性降到最低程度。

加强装备安全设计,提高飞机安全水平。根据飞机具体的性能特点和结构原理,运用系统工程方法对其进行安全性分析,确定影响飞机使用和维修安全的危险性,对不可接受的危险进行安全性设计及改进。具体来说,可以梳理现役飞机、弹药和保障装备在使用维护中易发生差错的部位,提出改进建议。使飞机具有最大程度的安全可靠度,提高飞机的固有安全性水平。

6.3.6.3 积极改善保障环境

加强维修现场管理。在维修现场开展"6S"管理活动,即开展整理、整顿、清扫、清洁、素养和安全活动。各级管理人员要重视环境因素的影响,科学合理地安排工作,充分了解每个人的心理素质和心理节奏,使维修人员工作时自始至终精力充沛、情绪稳定,使每个人严格按照分工、按照维护规程规定的路线检查飞机,做好维护工作。

加强重点工作场所治理。梳理试车场、校靶场、特种工作间、油料存放间、航材和军械仓库等重点工作场所安全规定要求,完善安全警示标识,规范作业场所各种安全规定、提示标语、图板图案,以及保障装备防差错标识、标牌等。

加强安全作业手段。研究安全作业保证、防护、监控等技术手段,如配发地面试车监控指挥系统、抗噪声耳罩等安全设备,强化重要作业安全监控和装备、人员的安全防护。

培育质量安全文化。筑牢"三个负责"核心价值理念,强化"个人维修零差错,单位保障零事故"目标,深入开展航空机务职业道德和优良作风教育,学习夏北浩精神,提升安全意识,塑造安全行为,营造和谐环境。努力使安全文化渗透延伸到机务人员生活、工作、训练的方方面面,融入到精神追求中,落实到制度约束中,作用到行为规范中,体现到环境熏陶中。

重视对恶劣环境条件的管理,降低恶劣天气的危害。建立和完善恶劣自然环境飞行安全管理制度,明确进行飞行训练时的最低环境条件,并按规定组织实施飞行训练。不断提高恶劣天气情况的预报水平,及时准确掌握每一个飞行训练日的机场及训练空域、备降机场的各种天气情况,掌握这些气象条件的动态变化状况。

6.3.6.4　加强科学管理

加强维修安全监控,提高维护作风养成。从发生的重大维修差错上看,基本上都与人为因素有关,如不按工作卡片的要求进行工作,不按规章制度办事,管理松懈等。因此,在航空维修系统中建立有效的监察、监督、检查机制十分必要,必须从"小事"抓起,规范维修人员的行为,培养优良的维修作风。

制定科学合理的计划,提高装备使用安全。制定的飞行计划必须符合飞行训练的基本规律,符合飞行能力的成长规律,符合飞行人员的思想、技术、身体及天气条件的实际情况。在制定训练计划时,必须由专门的部门或人员负责,确保飞行训练科目、难度、进度安排的科学性。制定好的计划,要进行严格审查和评价,确保计划的可行性。

坚持依法从严管理,预防装备事故发生。依法管理就是运用各种法规制度和标准,对装备使用维修活动进行检查监督与控制,保证维修活动安全进行、规范开展。在装备安全工作中,运用法规实施管理,是保证飞行安全的重要手段,也是飞行安全管理制度化、正规化的重要体现。只有严格执法,才能使全体航空人员树立法治意识、安全意识、养成自觉遵守安全法规的习惯,才能使预防为主的方针落到实处。

6.4　航空装备保障安全管理体系

6.4.1　安全管理体系概述

6.4.1.1　安全管理体系的由来

安全管理体系的提出和发展,最初归功于加拿大运输部和美国联邦航空局,后经国际民航组织大力倡导和积极推广,成为国际民航界的通行标准得到普及应用。主要经历了探索期(加拿大运输部和美国联邦航空局)、规章期(国际民航组织)、应用期(各缔约国)3 个阶段。

加拿大运输部的贡献是提出安全管理体系(SMS)概念,制定安全管理体系手册规章;美国联邦航空局所做的工作,主要是开展风险管理探索,提出安全管理体系架构。国际民航组织提出总体规划,完成规章拟制发布,及全程指导和审核工作:2001 年,提出各缔约国建设安全管理体系的要求;2004 年,发布《2005—2010 年战略目标》,提出"支持各国在所有与安全相关的领域实施安全管理体系";2006 年,推出《安全管理手册》第 1 版;2009 年进行修订,发布第 2 版,明确安全管理体系框架,要求各缔约国航空公司必须在 2010 年 1 月 1 日前建立;2013 年,批准《国际民用航空公约》附件 19"安全管理",修订《安全管理手册》,发布第 3 版,要求各国都以此为依据实施安全管理体系。

目前,各缔约国根据国际民航组织要求,均建立并实施了安全管理体系。随着安全管理体系普及与推广,民航事故多发的态势得到有效遏制。近些年来,世界民航航运量增加 86%,而事故率降至原来的 1/8,安全管理体系成效十分显著。

6.4.1.2 安全管理体系的内涵特点

国际民航组织(ICAO)在其 DOC9859《安全管理手册(第 4 版)》中,把安全管理体系定义为"管理安全的系统方法,包括必要的组织结构、问责制、责任、政策和程序"。中国民航把安全管理体系定义为"正式的、自上而下的、有条理的管理安全风险的做法,包括安全管理的系统的程序、措施和政策"。

其实两个定义内涵是一致的,都反映了安全管理体系的本质特点。

(1)系统的安全管理。强调要建立体系的安全管理组织机构,明确部门安全职责,优化安全工作流程,变分散式管理为系统管理。安全管理绝不是某一部门和某一领导的事,安全管理的理念方法应该用于所有部门、所有人员,只有给所有部门和人员赋予安全管理的职责,才能达到全体系、无死角的安全管理目的。从系统管理来看,要从各个系统上把握安全态势,查找安全问题,堵塞安全漏洞,消除安全隐患,要求各个部门,各个环节紧密配合。从全员参与来看,要从各岗位活动入手,进行风险分析,深入查找致因,采取有效控制,促使全员形成自愿报告和主动纠错的人文需求和企业安全文化。

(2)以风险管理为核心。强调要积极倡导主动作为,前移安全关口,努力把控风险,而不是发生事故后,再去处理。通过危险源的识别、风险评价、风险控制来控制各种危险源及其带来风险。

(3)重视信息驱动管理。认为安全信息是确保系统安全的首要条件,强调采用多种方式有效地收集、报告安全数据,建立良好的安全信息文化,通过信息获取、数据分析、系统评价及预防或纠正措施,实现安全管理的闭环。持续改进,按照既定的安全政策、目标和程序,按照闭环管理的原理,不断地查找危险源,不断地改进提高,最终实现长期安全。

(4)基于法规的管理。强调建立系统、规范的法规体系,加强法规的执行力,强调按照法规的要求工作,自觉依法运行,按部就班工作,承担安全责任。

(5)重视安全文化和安全教育。认为有效的安全管理不仅依靠行政命令和严格遵守安全法规,还依赖于良好的安全文化和安全教育,通过建立积极的安全文化,良好的安全教育和培训,打牢安全基础,实现持续安全。

6.4.2 航空装备保障安全管理体系的框架和主要内容

6.4.2.1 航空装备保障安全管理体系的框架

国际民航组织为指导安全管理体系建设,专门发布了 Doc 9859《安全管理手册》,明确安全管理体系 4 个构成部分和 12 个要素,代表安全管理体系实施工作的最低要求。安全管理体系由安全政策和目标、风险管理、安全保证和安全促进(推广)4 个模块构成,也称为安全管理体系的"四大支柱"。

航空装备系统在满足体系框架和构成要素的基础上,充分结合战训任务、体制编制、组织机构、制度文化、优良传统等实际,构建符合单位自身实际的安全管理体系(见表6-1)。

表 6-1　航空装备保障安全管理体系的框架

组件	要素
1. 安全政策和目标	1.1 安全政策
	1.2 安全目标
	1.3 组织机构
	1.4 安全管理职责
2. 安全风险管理	2.1 危险源识别
	2.2 风险评价
	2.3 风险控制
	2.4 核心风险管控
	2.5 变更管理
3. 安全保证	3.1 安全信息管理
	3.2 安全形势分析
	3.3 安全监察
	3.4 安全整顿
	3.5 安全检查
	3.6 安全问题查处
	3.7 应急处置
	3.8 安全指标测量与评估
	3.9 手册和资料管理
4. 安全促进	4.1 安全文化
	4.2 安全教育
	4.3 安全训练
	4.4 安全沟通
	4.5 全奖惩

"四大模块":安全政策和目标,等同于"上层建筑",扮演"设计者"角色,明确组织机构、安全政策和目标,配置资源;风险管理,扮演"医生"角色,识别危险源,评定风险等级,制定缓解措施;安全保证,等同于"方向舵"和"控制系统",扮演"警察"角色,采取措施保证风险管理有效落地,改进管理体系和流程标准;安全促进,扮演"教师"角色,组织安全培训、教育、交流,培育安全文化。"四大模块"不是孤立的,彼此相互衔接,形成一个有序运行的整体。

6.4.2.2　航空装备保障安全管理体系的主要内容

1)安全政策和目标

安全政策和目标是安全管理理念的具体体现,主要体现安全管理体系实施单位抓安全的思路做法,也是安全管理体系设计和有效运转的保证。通过安全政策和目标,明确安全管理体系的组织架构、职责分工、资源配置、相关条件,确保安全管理活动能够依照规划要求,以规范化流程持续进行,并且通过改进使体系不断完善。

安全政策和目标由体系实施单位组织制定,经上级单位核准,由安全管理总负责人签发。在制定过程中,应征求本单位各类人员意见,取得全体的人员理解、支持,以促进共同承担安全责任的意识。

(1)安全政策。安全政策应得到本单位领导、安全管理人员的明显支持,"明显支持"指的是率先垂范落实制度、坚决捍卫制度严肃性,并让各级各类人员切身感受到管理人员对安全的重视、关切程度。单位应持续组织相关的教育培训,以便让全体人员熟知、落实安全管理制度,确保各项工作与安全管理预期保持一致。安全管理法规制度建设,建立安全报告制度,包括免责报告、举手报告、安全情况反映、安全意见建议等。

(2)安全目标。安全管理体系实施单位应制定安全目标,明确一段时期内安全管理工作需要取得的成果。安全目标应简练地说明本单位安全工作的优先事项,解决最为突出的安全问题。

(3)组织机构。组织需设置专职的安全管理人员来负责安全管理体系实施、运行的具体工作。部队可以安排经验丰富的安全监察师担任,也可根据实际情况指定其他人员,但应符合安全监察师的基本条件。安全监察主管人员通常直接对安全管理总负责人负责。安全管理体系实施单位可根据安全管理工作实际,适当设置兼职安全监察人员,辅助安全监察主管人员开展工作,如将现场监察、安全信息收集等耗时长的工作交由兼职监察人员。对于装备质量风险,安全管理体系实施单位应成立专门的风险管理小组,分专业开展危险源识别和安全风险分析,安全监察主管人员仅收集汇总情况,跟踪措施落实情况。

(4)安全管理的职责。安全责任制和职能,责任(Accountability)是指不能下放授权的义务,职责(Responsibility)是指可以下放授权的职能和功能。安全管理体系实施单位应当清晰界定各级干部的责任和职能,并在安全管理手册中予以明确,同时确保全体人员知悉。

安全管理体系实施单位应指定一名人员担任本单位维修保障安全管理总负责人,通常是维修保障单位的主要负责人,根据工作需要或实际情况指定其他人员负责的,必须要确保能及时正确地做出安全决策。安全管理总负责人有权代表本单位在安全投入、人员管理等方面做出决定或提出意见,并在遇到安全问题时采取必要的管理行动、化解安全风险。

安全管理体系实施单位各级管理干部、全体人员都有管理安全的责任和职能,参与或配合具体安全管理工作。在体系文件中应重点明确,并体现在安全管理组织结构图中。

2)安全风险管理

安全风险管理是指管控各类安全风险的过程,包括危险源识别、安全风险评估和安全风险缓解。安全风险管理是安全管理体系的核心,也是实现安全管理目标的关键。

(1)危险源识别。安全管理体系实施单位应建立正式、规范的危险源识别程序,持续识别维修保障所有可能影响安全的危险源。危险源识别既要包括装备质量方面的隐患,也要包括维修作业过程不安全行为或维修管理等方面的漏洞,还要包括各类通知通报和从其他单位了解到的不安全因素。

（2）风险评价。组织专家组成员对危险源的致因和出现后可能导致的后果进行分析，依据可能性等级表和严重性等级表评价后果的可能性分值和严重性分值，进而得出风险值，依据风险矩阵确定危险源的风险等级。

（3）风险控制。根据风险评价的结果，制定和实施风险控制措施和应对措施，对措施的落实和有效性情况进行跟踪验证，并建立危险源数据库进行动态的监控管控。

（4）核心风险管控。核心风险管控是为预防战训任务保障过程中，高后果或高出现频率等高度关注的不安全事件的发生，根据航空装备质量状况和战训任务特点而采取的一种专项风险管控机制。

（5）变更管理。变更管理是当航空装备和系统、组织结构、保障环境和条件、各类政策法规和规章制度、维修手册和维护规程等发生改变时所进行的风险管理工作。

3）安全保证

安全保证是指为确定安全管理体系是否按照预期和要求运行而进行的过程与活动。主要通过持续监测安全管理过程及运行环境，发现新的安全风险，或导致现有安全风险控制恶化的变更或偏差，再通过安全风险管理过程解决这些变化或偏差。

（1）安全信息管理。安全信息管理通过对收集的安全信息进行处理反馈、统计分析、实时共享，为上级机关和大队领导提供真实准确的安全信息，为安全管理领导小组进行安全事项决策提供科学依据，为识别危险源和开展安全风险提示提供信息来源渠道。

（2）安全形势分析。安全形势分析会是机务大队安全管理工作的重要组成部分，是查找问题、规避风险的重要手段，是提高航空装备维修质量和保证维修作业安全的一项基础性工作。

（3）安全监察。安全监察是通过建立和完善安全监察工作制度，依法实施安全监察，检查监督航空机务法规制度执行和各项安全工作落实情况，及时发现危险因素，采取有效措施，消除安全隐患。

（4）安全整顿。安全整顿是在本单位发生重大安全问题和接到上级有关安全整顿的指示时，组织对人员思想作风、业务能力、维修管理、维修作业、飞机质量、保障装备、维修设施等方面存在的安全问题和安全隐患进行梳理分析与排查整治。

（5）安全检查。安全检查主要是通过安全自查和上级检查，全面查找机务大队在落实安全管理制度上存在的问题漏洞，分析评估安全管理体系运行存在的困难和薄弱环节，制定有效的对策措施，持续改进安全管理体系。安全自查通常采取综合检查和专项检查的方式进行，可以单独组织实施，也可以结合安全整顿、安全监察、风险评估和其他检查联合组织实施。

上级检查安全监察室牵头负责配合上级机关对机务大队的安全检查。

（6）安全问题查处。安全问题查处是为了查明事件发生的原因，总结吸取教训，预防同类性质问题重复发生所进行的综合性活动，是识别新的危险源的重要途径，对于改进安全管理体系，提升安全管理效能具有重要作用。

（7）应急处置。主要通过制定应急预案、定期组织演练等工作，在发生紧急突发事件时，单位或机组能够依案行动、快速响应、有序展开、准确处置，最大程度地减少人员伤亡和财产损失。

（8）安全指标测量与评估。安全绩效是指安全管理采取的管理手段和取得的实际效果,是对安全管理有效性的衡量。我们制定的安全政策、采取的风险控制措施并不总能达到预期效果,有的甚至会出现严重偏离,这就需要经常性地对安全绩效进行监测和测量,通常使用运行审核和绩效指标监测相结合的方法组织实施。

运行审核主要通过定期评估安全管理体系运行情况,识别出安全管理体系需要改进的地方。重点是确保所有安全风险控制措施得到有效实施和监测。如果发现不符合项和其他问题,应调查和分析原因以及影响因素。另外,对于安全管理体系的法规符合性也是运行审核的一个重要方面,主要工作是确保安全管理体系符合各级安全管理的法规和要求。运行审核可以为修订完善风险控制的政策、过程和程序提供依据。运行审核一般分为内部审核和外部审核两种。

安全绩效是衡量一个单位安全管理水平的标尺。通过所有可以利用的渠道收集安全数据和安全信息,并据此验证安全风险控制的有效性、安全管理体系过程和活动的完整性及有效性,从而为安全管理提供决策依据。安全绩效监测是安全管理体系最重要的功能之一,也是安全管理最为理想的方式(数据驱动式)。

(9)手册和资料管理。手册和资料管理主要是明确《航空装备保障安全管理手册》《航空装备保障安全管理程序手册》以及安全管理工作运行过程中形成的相关记载性资料进行编写、修订、保管等管理制度。资料管理主要是指安全监察室组织开展安全形势分析会、风险管理、安全监察、安全检查、安全整顿、安全教育、安全信息管理等安全管理工作中产生的相关记载性资料。主要包括登记本、计划方案、监察卡片、监察月报、安全教育资料、表单(册)、总结报告等。

4)安全促进

有效的安全管理不能仅靠行政命令或严格遵守政策和程序来实现。安全促进通过不断影响个人和组织行为,对组织的政策、流程和作业过程实施有效的补充,从而为单位构建正确的安全价值观。安全促进旨在建立一种积极的安全文化,主要是通过教育和培训,持续增加全体人员的安全防范能力,通过有效的沟通和信息共享,从而推动实现单位安全目标。安全管理总负责人应提供足够的领导力,来促进本单位形成良好的安全文化。

安全管理体系实施单位应建立和实施正式的过程和程序,促进内部有效沟通,这包括单位制定的安全目标,能让全体人员理解并为之奋斗"自上而下"的沟通,也包括鼓励全体人员提供具有建设性的反馈意见,以便单位及时正确采取行动"自下而上"的沟通。

(1)安全文化。机务安全文化是机务文化的重要组成部分,机务大队通过开展安全文化建设,培养机务人员严谨务实的工作作风和优良的维护作风,增强人员安全意识、责任意识和主人翁意识,努力实现"人人自觉遵章守纪"的文化追求。

(2)安全教育。安全教育是强化机务人员安全意识、章法观念、提高预防维修差错能力的一项经常性基础性工作。针对飞机维护保障特点和战训任务保障实际,通过开展形式多样的安全教育,着力解决人员安全意识淡薄、责任意识不强、章法观念不高等问题,不断增强人员按章操作、依法维修的自觉性,提升、优化和端正机务人员的安全观念和安全行为,强化"双零"信心,打牢保证安全的思想基础。

(3)安全训练。根据机务大队安全管理实际,为提高安全管理人员、安全监察人员、风险专家和一线机务人员等各级各岗安全管理能力、安全技能和防范处置不安全事件能力,结合业务技术训练而开展的安全培训活动。

(4)安全沟通。安全管理体系实施单位应当建立一套有效的安全沟通交流机制,以便全体人员可以获取必要的安全信息。这既包括安全通报、风险提示、简报等显性形式,又包括各类人员是否愿意分享安全相关的想法、信息等隐性内容。

安全信息沟通是传递安全政策、目标、理念、方法并达成共识,以及全体机务官兵反馈安全问题隐患并寻求解决的有效途径,是增强机务人员责任意识、主人翁意识的重要手段,是拓宽发现问题隐患力度、广度的有力之举。

(5)安全奖惩。通过建立公平、公正、有效的安全奖惩机制,激励和规范全体官兵行为,增强广大官兵"极端负责、精心维修"的职业道德精神和安全责任意识,营造安全氛围,促进安全水平提高。

6.4.3　航空装备保障安全管理体系建设的原则

(1)作战牵引、立足实际。航空装备保障安全管理体系建设必须坚持战斗力这个唯一标准,严格落实《中国人民解放军军事训练条例》《中国人民解放军安全条例》和新一代军事训练法规要求,不得与上位法相冲突;必须立足工作实际,在现有编制基础上实施。

(2)充分借鉴、融合创新。认真消化理解国际民航组织《安全管理手册》(Doc 9859),吸纳国内民航系统国家安全方案(SSP)和安全管理体系建设经验,以风险管理为主线,有效整合部队制度机制和优良传统,既不对部队现有做法推倒重来,又不生搬硬套民航经验,形成特色鲜明的航空装备保障安全管理体系。航空装备外场保障系统安全形势近年来总体呈现积极向好势头,但好的形势凝结着装备系统的艰辛努力和心血付出,在一茬一茬装备人的接续努力下,靠优良维护作风和极端负责的职业道德,靠扎根基层和吃苦耐劳的拼搏精神实现安全目标,形成了一套抓安全管理的经验做法,主要表现在靠党委抓安全、靠制度管安全、靠作风促安全、靠技术保安全、靠文化固安全。

(3)数据驱动、信息支撑。安全信息是确保系统安全的首要条件,强调采用多种方式有效地收集、报告安全数据,建立良好的安全信息文化,通过信息获取、数据分析、系统评价及预防或纠正措施,实现安全管理的闭环。

(4)统筹推进、分步实施。按照机关和部队分层次、同步建设思路,在各级机关和各部队分别建立安全管理体系,保持框架总体一致、要素相互关联。按照空军抓总、部队试点、科研院所支撑的分工协同机制,各相关单位严格按任务分工统筹推进,既要把控节点,又要积极稳妥,试点一项,成熟一项,推广一项。

小　结

本章阐述了航空维修安全管理的相关内容,介绍了航空维修安全管理的基本概念和必要性,以及 4 种事故致因理论,对航空机务维修差错的定义、特征、分类、影响因素和分析模型做出详细介绍,并提出预防航空机务维修差错的建议和措施,最后介绍了航空装备保障安全管理体系的相关内容。

思 考 题

1. 什么是安全？航空维修安全管理的主要任务是什么？
2. 什么是事故？事故是如何分类的？
3. 结合航空维修实践，谈谈应该如何利用骨牌顺序理论预防事故的发生。
4. 如何通过瑟利模型进行事故分析？
5. 航空维修差错如何分类？主要影响因素有哪些？
6. 如何预防维修差错的发生？
7. 简述民航空装备保障安全管理体系的含义和主要内容。

第7章　航空维修现场管理

航空维修现场管理的主要工具有 6S 管理、看板管理等。这两种现场管理工具操作方法简单、步骤具体清晰、实施成本低廉、部署效果明显,目前在航空维修一线管理工作中得到广泛应用。

7.1　航空维修一线 6S 管理

7.1.1　航空维修一线 6S 管理概述

7.1.1.1　6S 管理的内涵

6S 管理是由日本企业的 5S 管理发展而来的。1955 年,日本企业为加强对企业生产现场 5M1E(人员、机器、材料、方法、环境、测试)生产要素的管理,提出了"整理、整顿"管理要求。之后,随着要求员工提升素质以及生产现场控制需要,又将"清扫、清洁、素养"列为控制要素。1986 年,正式总结 5S 并撰写成书问世。5S 活动的认真推行,使第二次世界大战后日本企业产品品质得以迅猛提升,奠定了经济大国地位。5S 对降低成本、准时交货、安全生产、高度的标准化、创造令人心仪的工作场所以及塑造组织形象等现场改善方面发挥出的巨大作用,逐渐被各国管理界接受,并得到了广泛推广。后来,一些企业在原来 5S 的基础上,增加了"安全",形成了 6S。还有一些企业又增加了"节约""习惯化""服务""坚持"等形成了 7S、10S 等。说法虽然存在差异,但是内涵基本一致。目前,我国在企业管理中 6S 管理的提法较为常见和普遍。

6S 管理是指对生产现场各生产要素(主要是物的要素)所处状态不断进行整理、整顿、清扫、清洁、提高素养及安全的活动。由于整理(Seiri)、整顿(Seiton)、清扫(Seiso)、清洁(Seiketsu)、素养(Shitsuke)和安全(Safety)这 6 个词在日语中罗马拼音或英语中的第一个字母是 S,所以简称 6S。

7.1.1.2　6S 管理的作用

实施 6S 管理能为航空维修工作带来巨大的好处:完善维修工序、提高工作效率、节约维修成本、确保飞机准时出动、确保第一手维修质量及安全作业,同时保持人员高昂的士气。

(1)树立良好形象。推行 6S 管理可以有效打造一个干净整洁的工作现场,提升工作效率、确保维修质量和安全。在单位内部,6S 管理的各项活动维持良好,并且成为人员的自觉习惯;在单位外部,无缺陷、无不良、配合度好的口碑远近传播,单位知名度很高。

(2)体现节约意识。6S 管理可以通过减少"寻找""等待""避让""拿起""放下""清点""搬运"等无附加价值动作引起的浪费,降低维修成本。

(3)有效保障安全。经过整理、整顿后,通道和休息场所等不会被占用,工作场所宽敞、明亮,物流一目了然;物品放置、搬运方法和积载高度等也都考虑了安全性因素,"危险""注意"等警示明确;通过教育培训,成员能够正确使用保护器具,不会违规作业,所有设备都能及时进行清洁、检修,保证成员预先发现存在的问题,从而消除安全隐患。

(4)推动标准化工作。6S管理强调标准化,要求人们能够正确执行各项规章制度,都明白工作该怎么做、怎样才算做好了,保证任何人去任何岗位都能立即上岗作业。通过规范化现场管理、标准化操作工序,规范现场作业,实现稳定的维修质量。

(5)提高工作效率。模具、夹具、工具等设备经过整顿后,能够减少成员过多的寻找物品的时间;机器设备的正常运转,使得作业效率大幅上升;彻底的6S让初学者和新人一看就懂,快速上岗。

(6)提升人员士气。一目了然、干净明亮的工作场所,以及简洁高效的工作流程,杜绝了浪费、勉强、不均衡等弊端,令大家心情愉悦,不会产生厌倦和烦恼;倡导"只要大家努力,什么都能做到"的信念,6S让大家亲自动手进行改善,有效激发成员的自豪感和成就感,使工作成为一种乐趣。

7.1.1.3　航空维修一线6S管理的主要内容

1)整理

所谓整理,是指区分需要与不需要的事、物,然后对不需要的事、物加以处理。在现场工作环境中,区分需要的和不需要的工具及文件等物品,对提高工作效率很有必要。

整理是改善现场工作环境的第一步。首先应对现场摆放或停置的各种物品进行分类,然后对现场不需要的物品,诸如用剩的材料、多余的半成品、切屑、垃圾、废品、用完的工具、报废的设备、个人生活用品等,坚决清理出现场。通过整理,使现场无杂物、通道畅通,增大作业空间面积,有效提高工作效率;减少碰撞,消除各类差错,保障生产安全,提高产品质量;减少库存,节约资金;使所属人员心情舒畅,工作热情高涨。

2)整顿

所谓整顿,是对生产现场需要留下的物品进行科学合理的布置和摆放,以便最快速地取得所要之物,在最简洁有效的规章、制度、流程下完成工作。

通过整顿,能使工作场所一目了然,打造出整齐的工作环境,大幅减少寻找物品的时间,从而提高工作效率。因工作场所变得明朗整齐,若发生异常情况(如丢失、损失)就能马上被发现。

3)清扫

所谓清扫,是根据整理、整顿的结果,将工作场所内看得见和看不见的地方打扫干净,把不需要的物品彻底清除出去,或者标示出来放在仓库中。当设备出现异常时,应及时进行维护,使之恢复正常运转状态。

通过清扫,可以清除生产过程中产生的灰尘、油污、铁屑、垃圾等杂物,创建明快舒畅的工作环境,有效地提高成员工作积极情绪,保证安全、优质、高效地开展工作。在此过程中,由于清扫要求点检位置及步骤明确,有利于形成一套良好的管理运行机制,无形中强化了成员"谁使用设备谁管理"的意识,促使任何人都能够判断设备正常与否,有效降低设备的使用和管理难度,预防故障的发生。

4)清洁

所谓清洁,是在整理、整顿、清扫等工作之后,认真维护已取得的成果,使其保持完美和最佳状态。

"整理、整顿、清扫"一时做到并不难,但要长期维持不容易。通过清洁,能使整理、整顿、清扫后取得的良好作用得以维系,形成单位的制度,并持续进行改善,使之达到更高的境界和水平,从而创造一个良好的工作环境,进一步提高生产效率、改善整体绩效。

5）素养

所谓素养,是指通过整理、整顿、清扫、清洁等合理化的改善活动,使全体人员形成一种根深蒂固的价值观,养成自发自动守标准、守规定的良好习惯,提高整体素质,进而促进全面管理水平的提升。

素养是 6S 的核心。从某种意义上说,6S 始于素养,也终于素养。提高素养的目的在于提升成员品质,改善成员的效率意识、成本意识、品质意识、安全意识,形成温馨明快的工作氛围,培养出拥有良好习惯、遵守规则的成员,铸造战斗型团队,为打造积极向上的行业文化奠定基础。

6）安全

所谓安全,是通过制度和具体措施来提升安全管理水平,防止意外、灾害的发生。

安全管理的目的是强化成员的安全观念,使其具有良好的安全工作意识,更加注重安全细节。这样能够提升成员的工作品质,从本质上降低事故发生率,使单位的管理体制能够塑造安全的工作氛围。

7.1.1.4　航空维修一线 6S 管理各项活动的相互关系

6S 管理这 6 项活动之间不是相互独立的,而是一个整体。整理是整顿的基础,清扫是对整顿中发现的问题,提出有效、合理的改善措施。这 3 项活动的目的本质上是地/物明朗化,也就是以一个新进员工的眼光,非常清楚地物的情况,反之就是地物不明朗。清洁是在整理、整顿、清扫等管理工作之后,认真维护已取得的成果,并对其实施做法予以标准化、制度化。素养是通过整理、整顿、清扫、清洁等合理化的改善活动,使全体人员养成守标准、守规定的良好习惯。这两项活动本质上是人的规范化。通过前面 5 项活动的开展,实现单位管理的规范化,达到强化安全观念,树立安全意识,确保本质安全的目的,从而实现第六项活动安全,具体如图 7-1 所示。

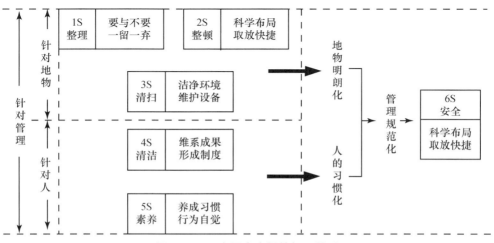

图 7-1　6S 主要内容间的相互关系

总之,6S 管理是要通过持续不断地改进,既优化现场要素的安全现状,又在活动中潜移默化地改变人的思考方式和行动品质,从而提升单位的管理水准和质量安全水平。

7.1.2 航空维修一线 6S 管理推行的原则和步骤

7.1.2.1 航空维修一线 6S 管理推行的原则

(1)坚持宏观要求与精细执行的统一。6S 管理理论并不深奥难懂,成效取得与否的关键在于能否关注细节、精细执行。从客观上看,我们在管理中建立的规章制度并不少,但受文化传统等因素的影响,抓落实过程中停留在宏观要求及指导的比较多,缺乏精细的执行手段和方法,导致管理常常出现"雷声大雨点小""雨过地皮湿"等现象,不能确保管理取得实效。成功推行 6S 管理,必须要将每一条规章制度、每一个标准要求细化分解为操作性强、针对性强的具体举措,紧盯细节,精益求精。这就要求管理者既要在宏观层面加强调查研究,制定出科学规范的规章制度和指示要求,又要善于在工作中强化精细意识,关注细节、狠抓细节,把宏观要求细化分解到实践操作全过程、全方位,从而提升管理效益。

(2)突出从严要求与以人为本的结合。管理的目的是要通过管理过程促使成员遵循原则、约束行为、高度自觉,最终实现单位和个人的协调发展、全面发展。因此,6S 管理强调"只有起点、没有终点""只有更好、没有最好",在循环往复、潜移默化中塑造人、培养人,并以此推动 6S 管理取得更大成效。推行 6S 管理,不仅要注重建章立制、从严要求,把每一项工作、每一项任务都做到位,更重要的是要始终贯穿"塑造人、培养人"的观念,充分发挥成员的主观能动性,激发他们主动参与 6S 管理的热情,在完成各项工作任务中不断提高自身能力素质。

(3)兼顾刚性要求与动态完善的平衡。推行 6S 管理是一个不断发展变化的动态过程。要使所有工作能够及时有效地开展,离不开持之以恒和不断调整完善。所以,6S 管理要取得良好效果,就必须针对现场管理中出现的新情况、新问题,学会用发展的眼光看问题,及时对不适宜的规章制度进行调整和补充完善,对不符合实际的工作方法或流程进行更改,不断校正管理思路、完善手段措施。

7.1.2.2 航空维修一线 6S 管理推行的步骤

日本管理大师安岗正笃说过:心态变则意识变,意识变则行为变,行为变则性格变,性格变则命运变。6S 管理是通过推行整理、整顿、清扫来强化管理,再用清洁来巩固效果,进而影响和规范人们的行为,通过规范行为来改变人们的工作态度,使之成为习惯,最后达到塑造优秀团队的目的。因此,6S 管理的推行一般分为 3 个阶段。

第一个是秩序化阶段,由单位制定标准,让所属人员养成遵守标准的习惯,逐渐让单位超越手工作坊、人治管理的水平。

第二个是活力化阶段,通过推进各种改善活动及竞赛,全员参与,让单位上下充满生气、活力十足,形成一种改善的氛围。

第三个是透明化阶段,即对各种管理手段措施公开化、透明化,形成公平竞争局面,让每位人员通过努力可获得自尊和成就感。

这 3 个阶段又可以具体为 11 个步骤,如图 7-2 所示。

(1)成立推行组织。6S 是一种集体行为,6S 的推行一定要以组织建设为保障。一

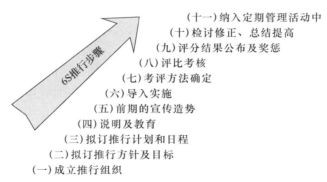

（十一）纳入定期管理活动中
（十）检讨修正、总结提高
（九）评分结果公布及奖惩
（八）评比考核
（七）考评方法确定
（六）导入实施
（五）前期的宣传造势
（四）说明及教育
（三）拟订推行计划和日程
（二）拟订推行方针及目标
（一）成立推行组织

图 7-2 6S 的推行步骤

般由单位主官亲自担任推行委员会主任,分管具体工作的副职或中层领导担任副主任等职务。推行办公室作为相当重要的职能部门,负责对整个 6S 推行过程进行控制,制定相应的标准、制度、竞赛方法和奖惩条件等。

（2）拟定推行方针及目标。一些知名企业都有明确的 6S 推行方针,如“告别昨日,挑战自我,塑造新形象”“规范现场,提升人的品质”“改变设备、改变人、改变环境”等。对于推行目标,每个单位可以结合自身实际,设置阶段性目标,并齐心协力、脚踏实地地实现这些目标,从而达到 6S 推行的整体目标。例如,在推行初期,可以要求成员实现“一星期内彻底清扫干净办公室”“一分钟之内找到所需要的文件”等阶段性目标。

（3）拟定推行计划和日程。推行 6S,应当制定出详尽的日程与计划表,并将其公布出来,让相关部门的负责人以及全体成员知道应该在什么时间内完成什么工作、工作应达到什么标准、什么时候进行样板区域 6S 推行、什么时间进行样板区域阶段性交流会等。

（4）说明及教育。要想顺利推行 6S,必须加强说明及教育,把推行的必要性、6S 的基本理论等向全体成员解释到位。说明及教育可采用的方式很多,比较常见的做法是邀请专家教授进行讲课辅导、开展大讨论活动等。

（5）前期的宣传造势。6S 实际上是为了营造一种追求卓越的文化以及养成良好的工作氛围。因此,适当的宣传造势活动必不可少。譬如,有的单位通过横幅、板报、橱窗等载体,广泛深入地宣传 6S,在潜移默化中强化成员对 6S 的理解和认可。

（6）导入实施。导入实施过程中所需要完成的工作包括前期作业准备(责任区域明确、用具和方法准备)、样板区推行、推行手法以及推行时间等。导入实施的内容包括具体细致的相关规定。以区域划分与划线为例,主通道的宽度、区划线的宽度、红黄绿 3 种颜色的使用场合、实线与虚线的使用方法,都需要推行办公室与各部门进行协商,最后由推行办公室制定出统一规则。

（7）考评方法确定。在确定考评方法的过程中需要注意的是,必须针对不同系统的特点,有所区分地使用合适的考评标准。例如,对生产或者工作现场的 6S 考评可依照同一种现场标准进行打分,对办公区域则应该按照另一套标准打分。

（8）评比考核。推行 6S,单位可根据自身实际情况,定期或不定期组织评比考核,检验推行效果。评比考核应当坚持可行性、科学性强的标准,突出公平、公正、公开。

（9）评分结果公布及奖惩。每次考评结束之后，应将成绩公布出来，对表现优秀的部门和个人给予适当的奖励，对表现差的部门和个人给予一定的惩罚，使他们产生改进的压力。

（10）检讨修正、总结提高。问题是永远存在的，每次考核都会遇到新问题、新情况，因此，6S 是一个永无休止、不断提高的过程。随着 6S 管理水平的提高，可以适当修改和调整考核内容，逐步提高考核标准，增强考评的针对性和有效性。此外，还可引入全员生产维护、平衡计分卡等其他管理方法的相关内容，使 6S 管理水平不断达到更高层次。

（11）纳入定期管理活动。逐步实施 6S 的前 10 个步骤，促使 6S 逐渐走向正规之后，就要考虑将 6S 固化为管理规章制度，纳入定期管理活动之中。例如，导入一些 6S 管理加强月（包括红牌作战月、目视管理月等），促使 6S 得到巩固和提高。

7.1.3　航空维修一线 6S 管理实施的重点和要求

6S 管理中各项活动的内容存在较大差异，目的、流程、意义等也各不相同。若想取得良好成效，不仅需要始终扎扎实实开展各项工作，也需要我们善于及时梳理归纳，突出工作重点，并以此为突破口，按照以点带面的方法开展工作，有效提高推行效率。

7.1.3.1　推行整理的重点和要求

推行整理就是对生产现场中摆放和停置的物品进行分类，然后按照判断基准区分出物品的使用等级。可见，推行整理的重点在于以下 3 点。

（1）"要与不要"的基准。"要与不要"的意思很简单，判断基准应当非常明确。例如，规定办公桌上允许放置什么物品、不允许放置什么物品，通过统一规范，可以方便管理者找出差距抓整改。

（2）场所的基准。场所的基准，指的是根据物品的使用次数、使用频率来判定物品应该放在什么地方才合适。明确场所的标准，不应当按照个人的经验来判断，必须有客观的标准，否则无法体现出 6S 管理的科学性，如表 7-1 所列。

表 7-1　场所的基准

使用次数	放置场所
1 年不用 1 次的物品	废弃或特别处理
平均 2 个月到 1 年使用 1 次的物品	集中场所（如工具室、仓库）
平均 1~2 个月使用 1 次的物品	置于工作场所
1 周使用 1 次的物品	置于使用地点附近
1 周内多次使用的物品	置于工作区随手可得的地方

（3）废弃处理的原则。受很多因素影响，不要物是永远存在的。对于不要物的处理，通常区分申请部门与判定部门，并由一个统一的部门来处理。例如，许多地方企业在推行 6S 管理过程中，质检科负责不用物料的管理和判定，设备科负责不用设备、工具、仪表、计量器具的管理和判定，工厂办公室负责不用物品的审核、判定、申报，采运部、销售部负责不要物的处置，财务部负责不要物处置资金的管理。

推行整理，首先要对工作现场进行全面检查，包括看得见和看不见的地方，如设备的内部、文件柜的顶部、桌子底部等位置；然后区分必需品和非必需品，根据其重要性和使用频率决定管理方法,便于寻找和使用。值得注意的是,在整理过程中,我们看重的是物品的使用价值,而不是原来的购买价值。物品的原购买价格再高,如果在相当长的时间没有使用该物品的需要,那么这件物品的使用价值就不高,应该处理的就要及时处理掉。管理者一定要认识到,规范的现场管理带来的效益远远大于物品残值处理带来的效益。整理是一个永无止境的过程。现场每天都在变化,昨天的必需品也许在今天就是多余的,今天的需求与明天的需求或许就有所不同。整理贵在天天做、处处做,如果只是突击做样子,整理就失去了其本来的意义。

7.1.3.2 推行整顿的重点和要求

推行整顿的重点在于"三定原则"。

(1)定点。定点也称定位,是根据物品的使用频率和使用便利性,决定物品所应放置的场所。一般说来,使用频率越低的物品,应该放置在距离工作场地越远的地方。通过对物品的定点,能够维持现场的整齐,提高工作效率。

(2)定容。定容是为了解决用什么容器与颜色的问题。在生产现场中,容器的变化往往能使现场发生较大的变化。采用合适的容器,并在容器上加上相应的标识,不但能使杂乱的现场变得有条不紊,还有助于管理人员树立科学的管理意识。

(3)定量。定量就是确定保留在工作场所或其附近的物品的数量。按照市场经营的观点,在必要时提供必要的数量,这才是正确的。因此,物品数量的确定应该以不影响工作为前提,数量越少越好。通过定量控制,能够使生产有序,明显降低浪费。

推行整顿,首先要分析现状。人们取放物品的时间为什么这么长?物品摆放为什么没有形成科学布局?针对这些问题,都需要管理者追根究底找原因,从物品的名称、分类、放置等方面的规范化情况进行调查分析,找出问题所在,对症下药;接着要根据物品特征,把具有相同特点或性质的物品划为一个类别,并制定出标准和规范为物品正确命名、标识。物品的放置场所通常是通过不同颜色的油漆和胶带来加以明确:黄色往往代表通道,白色代表半成品,绿色代表合格品,红色代表不合格品。6S 管理强调尽量细化,对物品的放置要求也有明确的区分方法。为了对工具等物品进行有效管理,很多企业都采用了一种直观、科学的管理方法——形迹管理,即通过将物品的形状勾勒出来,将物品放置在对应的图案上,如图 7-3 所示。

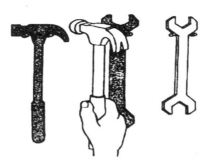

图 7-3 工具形迹管理示意图

7.1.3.3 推行清扫的重点和要求

推行清扫的重点包括责任化、标准化和污染源改善处理。

(1)责任化。责任化就是要明确责任和要求。在 6S 管理中,经常采用 6S 管理区域清扫责任表来确保责任化。在责任表中,对清扫区域、清扫部位、清扫周期、责任人、完成目标情况都应有明确的要求,提醒现场操作人员和责任人员需要做哪些事情,有哪些要求,明确用什么方法和工具清扫。

（2）标准化。标准化就是对行为的规范。例如,不小心把一杯鲜奶洒在桌子上时,有人会先用干毛巾擦再用湿毛巾擦,有人会先用湿毛巾擦再用干毛巾擦。对于如此简单的一个问题,都会有两种完全不同的答案,可想而知,现场管理遇到的问题会有多么复杂。因此,清扫一定要标准化,共同采用不容易造成安全隐患而且效率高的方法。

（3）改善处理污染源。污染源是指产生问题的源头,需要清扫的根本原因是存在污染源。如果不对污染源进行改善处理,仅仅是不断地扫地,那大家一定会对6S管理产生抵触情绪。因此,必须引导所属人员在污染源发生方面进行有效的处理改善,从源头杜绝污染产生。

推行清扫,首先要对所属人员进行相关的安全教育和设备基本常识教育,对各种不安全因素进行警示和预防;其次要组织大家学习设备基本构造、工作原理、异常判断、拆卸步骤等,使大家对设备有一定了解,教育大家如何减少设备的人为劣化因素。组织大家扫除一切垃圾、灰尘时,要由作业人员自己动手清扫地板、墙壁、天花板甚至桌子底下的卫生,清除长年堆积的灰尘污垢,坚决杜绝死角的存在。通过清扫把污垢、灰尘、油渍、加工剩余物清除掉,就会自然而然地把磨耗、瑕疵、松动、裂纹、变形等设备仪器的缺陷暴露出来,就可以采取相应的措施加以弥补。对清扫中发现的问题,要查明问题发生源,制定出明细清单,按计划逐步改善,通过技术革新、流程改进等方式将问题消除。

7.1.3.4　推行清洁的重点和要求

清洁是通过制度化、标准化,对前面整理、整顿和清扫的效果进行保持。因此,在推行过程中有以下重点。

（1）彻底贯彻3S。要不断通过宣传引导,帮助大家深刻领会理解“整理、整顿、清扫”这3S的含义,连续、反复不断地开展整理、整顿、清扫活动,力图持续提高。要打破“可以歇口气”等老旧观点,必须“一就是一、二就是二”,以刚性的要求改正坏习惯。

（2）施行“透明管理”。很多人都喜欢把物品放到有锁的柜子里或者密封的架子上,因为不引人注意,所以这些地方物品摆放经常会乱七八糟。这种“眼不见为净”的行为必须要杜绝。因此,要施行“透明管理”,即拆除那些不透明的金属板或木板,安上透明的玻璃,或者设置一个透明的检查窗口。

（3）建立健全制度。建立健全制度即把各项工作制度化,主要内容包括环境维护制度化、设备管理制度化、作业方法制度化、现场巡视制度化、考核评价制度化等。

推行清洁,要注重对推行人员进行持续教育。因为人的思维是复杂多变的,尤其在3S取得一定效果之后,人们往往有所懈怠,所以必须继续进行思想发动,以思想共识求行动共为。同时,要带领推行人员走进现场,调查所有物品的使用周期,进一步区分必需品和非必需品,将非必需品迅速从岗位上撤走。还必须对摆放的位置、高度、宽度、数量等进行规定,明确责任区和责任人,并形成文件资料,便于日后改善和总结。

7.1.3.5　推行素养的重点和要求

“人造环境、环境育人”,官兵通过对整理、整顿、清扫、清洁的贯彻,能够使自己也成为一个有道德修养的人,推行过程中有以下重点:

（1）持续推动 4S。通过 4S（整理、整顿、清扫、清洁）的持续推动，可以使人们达到工作的最基本要求——素养。一定程度上说，6S 管理可以理解为：通过谁都能做到的整理、整顿、清扫、清洁，最终达到精神上的"清洁"。

（2）突出制度规范。规章制度是人们的行为准则，是让人们达成共识、形成单位文化的基础。制定相应的《行为礼仪》《人员守则》等，能够保证所属成员明确素养最低限度的要求。

（3）持续教育引导。对于所属成员，要不断通过 6S 管理图片巡展、表彰、观摩等活动，进行全方面教育，提高他们对 6S 管理的热情和兴趣，了解 6S 管理的本质内涵，帮助他们知道什么可以做、什么不可以做，自觉接受各项规定，明确工作方向。

没有规则，不成方圆。素养推行的前提是要制定共同遵守的有关规则、规定。只有对单位成员都认同的行为规范进行总结提炼，制定出大部分人都认可的相关规则、规定，然后大家共同遵守，才能为多数人创造一个顺畅、轻松、愉快的工作环境。同时，还要制定服装、仪容、识别标识、礼仪守则等标准，在日常工作生活中熏陶和改变每一个人。

7.1.3.6　推行安全的重点和要求

安全是现场管理的前提和决定因素，没有安全，一切成果都失去了意义。推行中有以下重点。

（1）建立系统体制。要摆正安全管理与其他工作的关系，通过建立起具体的安全工作管理体制，以及其他各类预警措施、纠错机制等，明确每个人在安全管理中应担负的职责、任务和目标。

（2）突出实践操作。安全体现在工作生活中的方方面面、时时刻刻，仅靠会议上说和理论培训是远远不够的，要采用安全工作大检查、消防预演等多种实践形式，让成员切实掌握方法，明白安全工作的意义，同时要经常检查确认，一旦发现违规作业或安全隐患，要立即严肃处理。

（3）及时跟进指导。要对现场使用的设备仪器、工具、物品等做定期检查，发现问题，改进不足。按照问题的类型、层次、轻重等进行划分，明确相应整改时间，指定负责人。

推行安全，首先要制定现场安全作业基准，对现场进行明确规范，如消防设施前禁止堆放物品，物品堆放时要遵守一定的高度限制以免倾倒，易燃易爆物品要专区放置等。同时，要对着装、预防措施、应急救助等进行规范。例如，使用研磨机时要戴上护目镜，进入施工场地要佩戴安全帽等。虽然有的只是细节问题，但有助于成员逐步提高安全防范意识。常用急救物品要按标准位置存放，定期进行检查更新，在显著位置标示清楚急救联络方法。总之，安全贵在点点滴滴，日常生活中要不断强化成员行为规范的养成，筑牢安全观念。

7.1.4　航空维修一线 6S 管理常用方法

7.1.4.1　破冰行动

推行 6S 管理之初，尽管领导的决心和毅力都很大，但是真正能够从全局出发，并完全支持配合的人并不会很多。因为 6S 管理一旦彻底推行，将改变许多人长期养成的懒散、拖延等不良习惯，所以多数人都会持观望态度，只是做做表面工作。这种态度使 6S

管理推行就像是在冰面滑行,虽然感觉很"顺畅",但却深入不下去。如果不能及时制止这种现象,6S 管理最终只会是轰轰烈烈开始、冷冷清清收场。所以,6S 管理一开始,就要通过誓师大会、动员大会、个别恳谈、集体研讨、演讲比赛等形式,确立鲜明导向、表明态度决心、消除思想误区,进行意识上的"破冰行动"。

7.1.4.2 寻"宝"活动

在整理的后期阶段,许多人可能存在"以防万一"或者"可有可无"的心态,导致很多不要物得不到应有的处理,或者因为时间推移、人员更换等因素,一些区域及物品已经很难明确责任部门和负责人,形成死角。不要物的存在,意味着整理活动彻底的失败。寻"宝"活动就是一种鼓励大家找出不要物,进行彻底整理的趣味性手段。可以通过设置奖励,让大家交叉区域寻找不要物,找到越多不要物的奖励越高,激发大家参与 6S 管理的热情。

7.1.4.3 定点摄影

所谓定点摄影,是指在同一地点、同一角度,将厂房或工作间的死角、不安全之处、不符合管理要求之处,使用同一部相机(或摄像机)拍摄下来,并在大家都看得到的地方公布展示,激起大家改善的意愿,并将改善的结果再次拍摄并公开展示,使大家了解改善的成果。

实施现场管理活动前,首先要给工作场所拍照。这些照片会在现场管理全面展开时,用来做比较。要仔细标明每张照片的拍摄地点和拍摄日期,以便得到照片拍摄前后的对比。要拍彩照,对实施颜色管理有用。

实施定点摄影要注意以下几个方面:一是摄影时只对现象不对人和岗位;二是摄影时一定记下时间和位置;三是改善后要注重对比效果。此外,还要注意不要以考核为主要目的,要使人员产生一种成就感。

7.1.4.4 红牌作战

"红牌作战"是指在现场寻找问题点并在对象物上悬挂红牌,让大家明白问题所在并积极去改善,从而达到整理整顿的目的。

红牌作战适用于整理、整顿后期,即现场基本完成了大面积上的整理、整顿工作,只剩下一些个别的项目需要针对性改善。红牌是一种资格,只有整改效果显著的区域,才有资格进入红牌作战。

红牌作战实施对象一般包括以下几个。

(1)任何不满足"三定"、"三要素"要求的。

(2)工作场所的不要物品。

(3)需要改善的事、地、物。例如,超出使用期限的物品,锈蚀等变质物品(含损坏物),用途不明确的物品,不使用的东西(不用又舍不得丢的物品),过多的东西(虽要使用但过多)。

(4)有油污、不清洁的设备。

(5)卫生死角。

(6)存在有安全隐患的所有问题点。

红牌作战实施过程中应注意:一是用挑剔的眼光看;二是像"魔鬼"一样严厉地贴;三是贴在"有问题"的对象上,如设备、推车、工具架、桌椅、资料柜等;四是红牌对事不对人,请勿贴在人身上。

7.1.4.5　洗澡活动

在清扫阶段,主要有两方面的工作:一方面,贯彻"清扫即点检"的原则,对设备进行全方位的维修保养;另一方面,对岗位和周围环境进行大扫除,对一些年久失修的地面、墙壁、门窗、天花板、柜架、机器设备表面进行维修翻新。现场清扫活动,就像给蓬头垢面的人洗澡、梳头、剪指甲,使其恢复原来容光焕发的模样,所以通常称为"洗澡活动",目的是使现场焕然一新。

7.1.4.6　命名活动

命名活动可以有效激发员工的活力与创意,也可以用于对有杰出贡献人员的表彰嘉许。命名的情况有很多类,例如,"机械师尖兵"夏北浩总结形成了一套行之有效的检查维护飞机的方法,该方法被命名为"夏北浩检查法";某人在单位做出了突出成绩,其所在的部门、班组也可以以其名字来命名,雷锋生前所在的班就被命名为"雷锋班"。

7.2　航空维修一线看板管理

"知己知彼、百战不殆。"航空维修一线管理中,让各级管理者和一线维修人员清楚地了解维修作业现场的实际状况,准确掌握需要的信息,是提高维修质量、保证维修安全的前置条件。看板管理作为一种重要的管理可视化工具,是通过各类管理看板,把文件上、规程中或脑子里隐藏的信息揭示出来,实现信息的透明化,以便任何人都可以及时掌握管理现状和必要的信息,从而能够快速制定并实施应对措施。

7.2.1　看板管理的含义和作用

7.2.1.1　看板管理的含义

看板最早起源于丰田公司的准时生产方式。它最先使用的目的是在准时生产方式的生产管理中充当工作指令牌,主要用于工序与工序之间进行物流或信息流的传递,从而实现对生产作业现场进行精确控制。由于取得了非常好的效果,很快被推广到世界各地。但是,这种早期的看板使用范围极窄,是狭义的看板。今天,看板管理的内涵和外延已经得以大大拓展,是指广义的看板,即凡是能够用眼睛看且用于显示生产管理活动信息的信息载体都是看板。例如,生产指示板、运作管理板、宣传栏、岗位责任栏、光荣榜等都属于看板。看板管理已发展成为现场管理重要工具之一。

看板管理就是借助看板进行工序管理和控制的管理方式。管理看板是管理可视化的一种表现形式,它通过各种标语、现况板、图表、电子屏等,把文件上、脑子里或现场隐藏的揭示出来,以便及时掌握管理现状和必要的信息,从而能够快速制定并实施应对措施。因此,看板管理是发现问题、解决问题的非常有效且直观的手段,是优秀的现场管理必不可少的工具之一。

7.2.1.2　看板管理的作用

一是传递现场的生产信息。实时、同步显示工作状态信息,作业现场信息公开透明、传递速度快,协调、平衡供需关系,使工作流程得以持续不断。

二是提高现场管理效率。通过看板,生产现场管理人员可以直接掌握生产进度、质量等现状,为其进行管控决策提供直接依据。作业人员直接"看见"管理者的要求和意图,便于作业与管理人员协调配合、相互监督。

三是推动自主管理与自我控制。实施看板管理后,任何人都可从看板中及时了解现场的生产信息,并从中掌握自己的作业任务。此外,针对生产过程中出现的问题,生产人员可提出自己的意见或建议,这些意见和建议大多都可通过看板来展示,从而推动自主管理与自我控制。

四是杜绝现场管理中的漏洞。管理看板是发现问题、解决问题的非常有效且直观的手段,是目视管理的常用工具。

五是绩效考核的公平化、透明化。通过看板,生产现场的工作业绩一目了然,使得对生产的绩效考核公开化、透明化,同时也起到了激励先进、督促后进的作用。

7.2.2 航空维修一线看板管理的目标和原则

7.2.2.1 航空维修一线看板管理的目标

航空维修一线看板管理的目标是通过各种管理看板直观揭示信息,以便航空维修一线管理人员和广大机务官兵清楚地了解维修作业现场的实际状况,准确掌握需要的数据和信息,从而能够快速制定并实施应对措施。简单来说,就是实现航空维修一线管理的可视化。

7.2.2.2 航空维修一线看板管理的原则

透明公开原则。看板管理是让"管理看得见",尽可能将停留于文件上、隐蔽于规程中、藏匿于脑子里的信息及时准确地传递给相关人员,让大家看得见管理者的要求和意图。

公正客观原则。一是信息精确标准,机务人员无论是谁都能迅速判明是好是坏(异常),并且判断结果不会因人而异;二是信息公开,每个人都能做到心中有数,便于监督。

实用简单原则。看板管理必须讲究实用简单,切忌形式主义,要切实对机务和维修工作改善起到推动作用。

全员参与原则。要得到广大机务官兵的理解和积极参与。

7.2.3 航空维修一线看板的主要类型

围绕航空维修一线管理的可视化,航空维修一线看板主要包括维修体制可视化看板、维修计划目标可视化看板、维修内容标准可视化看板、维修人员可视化看板、维修工作效果可视化看板、维修资源条件可视化看板 6 类。具体内容如表 7-2 所列。

表 7-2　航空维修一线看板主要类型

看板类型	看板功能	航空维修一线常用看板
维修体制可视化看板	明确个人或组织在组织和机务工作流程中的地位作用	组织结构看板、工作流程看板
维修计划目标可视化看板	明确个人或组织当前机务工作职责、任务、目标、计划和进度	工作职责看板、工作任务看板、工作目标看板、工作计划看板、工作进度看板、飞行计划实施看板、通知栏

续表

看板类型	看板功能	航空维修一线常用看板
维修内容标准可视化看板	明确机务工作的内容标准,规章制度可视化,危险源、预防维修差错、排故可视化	照相管理看板、质量检验工作看板、定检工作流程看板、职能部门工作规范看板、上飞机十不准、厂房安全规定、放飞十不准、重要作业标准看板(试车、吊装座椅、武器校靶、联合收放、座椅打火、空靶组织流程)、危险源看板、工作统筹图、现场管理检查表、预防维修差错可视化手册、预防突发性危险性故障看板、故障分析研究看板
维修人员可视化看板	明确机务人员的能力资质、培训考核、问题和考勤情况	人员信息看板、维修岗位能力看板、岗位资质荣誉看板、问题改进看板、培训考核看板、人员动态显示看板
维修工作效果可视化看板	显示机务工作的效果、质量安全、存在问题及改进情况	人员机组保障安全飞行小时看板、人员机组保障安全起落看板、人员出勤看板、问题与缺陷曝光台、工作改进看板、工作完成情况看板、工作质量看板
维修资源条件可视化看板	明确机务工作所需的资源条件以及其完好情况	规程卡片图书资料看板、设备工具看板

7.2.4　航空维修一线看板管理应用要领

7.2.4.1　把看板管理作为沟通管理者与一线操作者的纽带和桥梁

航空机务工作中,各级维修管理人员和一线操作者的良好沟通是保证质量安全,提高机务工作效率的首要环节。对于管理者来说,能够及时掌握机务工作的现状,如工作进度、标准、质量等信息,从而动态地快速制定并实施应对措施。此外,通过管理看板,管理者可以把要求和意图更加准确、直接、及时地传递给一线操作者。对于一线操作者来说,一方面,可以更加直接、准确地了解作业的标准要求、管理者的要求意图等信息,便于操作人员与管理人员协调配合、相互监督;另一方面,一线操作者可以通过看板将自己的建议、成果、感想展示出来,与管理者、同事以及战友们相互交流,增强广大机务人员的责任心,增强机务系统的凝聚力和战斗力。

7.2.4.2　应用看板管理的根本目的是实现管理可视化

应用看板管理的根本目的是实现管理可视化。所谓管理可视化,是指利用形象直观、色彩适宜的各种符号、线条、图表等工具,将管理对象(设备、材料、质量、工具、文件等)的各种状态(含正常与异常)的信息展示在人的眼前,通过人的视觉感知,让人们一目了然,并依托准确的信息来组织现场生产活动,达到提高劳动生产率目的的一种管理方式。看板管理以视觉信号为基本手段,尽可能用眼睛看得懂而非大脑想得通的方法进行管理,尽可能地将管理者的要求和意图让大家看得见,要以公开化、透明化为基本原则。

7.2.4.3　看板管理要有利于官兵产生良好的生理、心理和社会效应

航空机务工作中,不仅要注意从物质技术方面着手改善维修作业条件和环境,还要重视机务人员生理、心理和社会的反应。例如,哪种形状的刻度表容易认读,数字和字母的线条粗细的比例多少才最好,白底黑字是否优于黑底白字,工作场所什么颜色最

适宜……这些问题与人们的生理、心理和社会特征密切相关,直接影响维修差错发生的概率。航空维修一线看板管理综合运用管理学、生理学、心理学和社会学等多学科的研究成果,能够比较科学地改善同现场人员视觉感知有关的各种环境因素,使之既符合现代技术要求,又适应人们的生理和心理特点;既产生良好的生理和心理效应,又可以调动并保护广大机务官兵的积极性。同时,通过看板管理,还可以让全体人员上下一心去完成工作,增强组织凝聚力和向心力,促进营造良好的航空机务文化。

7.2.4.4　看板管理必须严格执行

要实现看板管理持续有效的运行,关键是看板管理必须得到严格执行。严格执行看板管理,首先,要保持看板的权威性,看板管理必须得到严格遵守和执行,违反了管理规定要严肃对待,严肃处置,绝不可流于形式。其次,不要留给自己例外的借口,特别是领导干部,必须带头执行。再次,要努力实现看板内容标准的精确科学,确保判断结果不会因人而异。最后,要保持看板的动态更新。看板管理是一个持续改善过程,要通过不断的迭代保持看板管理有效,把广大机务官兵的实践经验不断融入到看板中。当规章制度、管理流程、工作标准发生变化时,必须及时更新看板。

小　结

本章阐述了航空维修现场管理的相关内容,介绍了航空维修一线 6S 管理的概念、主要内容、推行重点、实施步骤和常用方法,对航空维修一线看板管理的含义、作用、目标、原则以及应用要领作出概述。

思 考 题

1. 简述航空维修一线 6S 管理的主要内容。
2. 简述航空维修一线 6S 管理的作用。
3. 简述航空维修一线 6S 管理的步骤。
4. 简述航空维修一线 6S 管理中清扫的作用。
5. 论述航空维修一线 6S 管理 6 项活动的关系。
6. 简述航空维修一线看板管理的含义和作用。

第8章 航空维修精细化管理

航空维修精细化管理,是综合运用现代精细化管理理论、工具与方法,对航空维修保障全系统、全过程、全要素实施科学管控的实践活动,是航空维修管理创新发展必然经历的阶段,是提高航空机务系统维修保障能力的有效途径。

8.1 航空维修精细化管理的意义

8.1.1 深入推进航空装备科学维修的必然选择

随着航空装备、维修技术和管理科学的发展,航空装备维修工作有了长足的进步。航空装备维修工作从要求"故障不过夜、故障不上天"到确立"质量第一、预防为主"的方针,从开展飞机"四无"活动到开展单机维修质量整顿,从推广"夏北浩检查法"、注重提高操作者一手工作质量到开展全系统全寿命质量管理、注重提高系统质量,从初步建立维修法规到基本形成较为完整的维修法规体系,从引入以可靠性为中心的维修思想到推进科学维修不断深入,经历了从传统、经验管理到科学、法制管理的转变过程,正在逐步由粗放式管理向精细化管理过渡。在推进科学维修深入发展的过程中,贯彻科学维修的思想理念、采用科学的维修方法和手段都离不开维修管理的科学化、精细化。目前,维修管理中还存在着一些不容忽视的问题,而导致这些问题发生的重要原因就在于现行的管理注重结果多、关注过程少;重视重要及重大工作多、关注细小环节少;布置任务和提出要求多、督促检查的措施少。简言之,就是管理的不精细导致了维修操作的不到位。在维修管理中,如果计划不细、任务笼统,不管维修资源的使用是否合理,缺少对维修过程的实时控制,就将导致偏差得不到及时纠正,形成隐患,影响维修质量和安全,降低维修效率和效益。可见,要推动科学维修进一步深入,必须在维修管理上有所突破,将精细化管理作为重要手段加以实行。可以将精细化管理的基本理念、原则和方法吸纳过来,用于改进航空装备维修管理,优化维修内容、整合维修专业、创新保障模式、强化质量安全、合理配置资源,用精细化管理推动科学维修向信息化、精确化的方向发展。

8.1.2 适应航空装备维修保障自身特点的客观要求

航空装备维修保障的对象是航空器及其各种武器、设备、附件,任务是保持、恢复、改善其战术技术性能和可靠性。航空装备结构复杂、技术含量高,特别是新型装备普遍采用了以计算机技术为核心的高新技术,系统相互交联、构造更加复杂、制作更加精密。要高效率地维修如此复杂、精密的航空装备,不但需要配套齐全的专业技术人员、维修保障装备和设施以及维护规程等技术标准和规章,而且需要周密的组织计划、科学的作业流程以及保证计划实施和作业质量、进度的监控措施等;不但要有总体安排,还要关注每个维修保障的细节,特别是关键、重要部位和部件,否则,数十人乃至百余人的维修保障就难以做到万无一失,维修进度也会因某一个人或某一环节发生问题而延误。此外,机务人员长期处于高噪声、高频辐射的工作环境,经常接触有毒有害物质,常年野外作业,夏不遮日,冬不避寒,维修保障方式比较特殊,劳动强度较大,这就要求机务人员必须发扬吃苦耐劳的精神,在任何条件下都要坚持工作标准,自觉维护法规的权威性和严肃性。航空装备维修保障的这种性质和特点要求必须大力推行精细化管理,提高维修管理的效率和效益。

8.1.3 提高航空装备维修保障效益的重要途径

维修保障综合效益是当前航空装备维修管理的一项重要任务和目标。所谓维修综合效益,包括维修质量、安全、效率和效益,我们必须通过优化配置的维修资源实现维修质量、效率、效益与安全的协调发展,用最少的人力、物力、财力和以最高的效率、最好的质量完成维修保障任务。要提高维修保障综合效益,一方面,要实现维修资源的优化配置,保证优质与高效相协调;另一方面,在经费紧张的情况下,组织维修工作必须将消耗和效益作为重要指标,坚持"多快好省"的原则。优质高效、"多快好省"恰恰是企业精细化管理的目的。很多杰出的地方企业正是靠精细化管理实现了综合效益最佳化,才在日趋激烈的国际化市场竞争中立于不败之地。我军航空装备维修保障同样需要实现维修效益的最佳化。在这方面,精细化管理可以提供相应的方法和经验。所以,必须通过精细化管理提高谋划、控制航空装备维修活动的能力,使高质量、高效率、高效益相互协调,为机务保障提供更有力的保障。

8.1.4 保证航空装备维修保障持续安全的有效抓手

航空装备维修工作直接关系到飞行安全,关系到航空兵战斗力的巩固与提高。为此,装备系统确立了新形势下的航空装备维修安全观,提出要以质量为核心,努力实现"个人维修零差错""单位保障零事故",大力推进精心维修、依法维修、科学维修,降低机械原因严重飞行事故万时率,为完成作战训练任务、提高部队战斗力提供可靠有力的保障。在维修体制、技术、手段都没有重大变化的情况下,要实现"零差错""零事故"的目标,只能通过改进维修管理来寻求突破。装备维修系统可学习精细化管理的理论和方法,树立"零缺陷"意识,在管理上"去粗取精""由粗及细",以精心的态度、精细的方法实现操作上的"零缺陷",从而做到"个人维修零差错""单位保障零事故"。

8.2 航空维修精细化管理的内涵和特征

8.2.1 航空维修精细化管理的内涵

航空维修精细化管理是指将精细化管理的理念与方法,引入航空维修保障实践中,从而全面提高航空装备保障的质量和效益。航空维修精细化管理的内涵是根据信息化战争的要求,以提高航空机务系统保障力战斗力为目标,运用精细化管理的理论和工具,通过信息化、规范化、精确化、系统化等手段,提高改善航空维修保障的效率和效益,形成符合战斗力生成模式内在要求的航空装备维修保障模式和机制,确保有效履行新世纪新阶段我军历史使命。

8.2.2　航空维修精细化管理的主要特征

8.2.2.1　管理对象由人财物核心向信息核心转变

精细化管理的重要手段是信息化,只有通过信息的快、准、实,才能实现适时、适地、适量的资源配置,因此,信息是精细化管理的关键要素。美军认为:未来的军队保障"管道"中,大规模流动的不仅是财流、物流,更重要的是保障信息流,保障信息管理将成为军队保障的主要内容。航空装备维修保障技术复杂,对各种维修保障设施、器材、备件管理、调度、使用的精度、速度要求高,航空装备维修保障要实现精细化管理,就必须从传统以人、财、物为核心转变为以信息为核心,通过建立各类资源的信息数据库系统,对航空装备维修保障信息格式进行统一,实现信息互通、共享,加大信息管理系统的开发和应用,完善信息的采集、存储、分析与传递流程,对装备维修保障诸要素实施精细、准确快捷的规范与控制,形成航空装备维修保障资源集中管理、统一使用的交互平台,提高航空装备维修保障效益。

8.2.2.2　管理手段由行政主导向规则主导转变

随着我军装备维修保障的发展,航空装备维修保障工作分工越来越细,管理对象、模块流程也越来越繁杂,如保障机种机型增多,保障流程细化,力量使用方式多样,航空装备维修管理信息量急剧增加,仅靠行政手段很难实现精确有效的管控。必须打破行政手段主导管理的思维定势,把航空装备维修保障活动置于法规制度之中,通过修订完善装备维修保障配套法律法规,逐步建立门类齐全、层次分明、协调配套的航空装备维修保障法规体系,形成高效的航空装备维修保障规则运行机制。同时,要运用系统工程和建模技术,通过网络技术、智能技术、虚拟技术等数字化技术手段的研发使用,降低管理决策风险,提高规则管控的科学性,促进航空装备维修保障科学发展。

8.2.2.3　管理方法由概略笼统向精确型转变

我军在航空装备维修管理领域,传统的简单粗放的保障模式、粗略大概的分析方法、模糊笼统的决策方式、简单粗放的管控手段,早已不能适应形势需要。航空装备维修保障必须实现由模糊粗放型管理向清晰精确型管理转变,在注重定性管理的同时更加注重定量控制。要加大对保障内容、保障流程的细化量化,将保障标准渗透到管理的各个环节,以量化的数据作为提出问题的依据、分析判断的基础、考察评估的尺度,使无形的管理变成有形的管理;利用量化的数据规范管理者的行为,并对管理进程进行导引、调节、控制,从而能及时发现问题,矫正管理行为。通过一系列细化量化手段,彻底取代笼统、模糊的经验式管理,形成科学规范的航空装备维修管理新模式。

8.2.2.4　管理平台由单一分散向系统集约转变

我军在航空装备维修保障由于受体制编制,传统习惯的影响,还存在管理分散,多头领导,调控乏力的现象,导致有限的维修保障资源被切片瓜分,管理手段粗放,管理效益低下。要想实现精细化管理,航空装备维修保障领域必须利用好信息网络平台支撑和融通作用,对装备维修保障资源进行系统集约管理。在硬件建设方面,要加快信息化建设,形成点线结合、覆盖全系统的信息网络系统,在软件建设方面,要加大网络技术开发和应用的力度,形成接口兼容、系统集成的网络化技术平台,确保"动中通""联中通",在管理体制方面,要构建完善的网络一体化控制系统,实现管理平台与指挥平台、武器平台、传感平台的网络对接,实现航空装备维修管理的系统集约。

8.3　航空维修精细化管理的主要内容

8.3.1　优化维修保障作业内容

运用可靠性分析及维修保障效能评估,对维修保障工作的价值进行科学评判,据此确立哪些维修保障工作需要做、做到什么程度是合适的。

8.3.2　规范维修保障作业流程体系

对维修保障作业的工序进行梳理优化,使每一项维修保障作业的工序组合顺序合理,操作简化;建立健全维修保障作业及管理标准,有效解决航空装备维修保障作业操作不规范的问题;形成科学的维修保障作业流程体系,使各维修保障人员对航空装备进行维修保障工作时,能够按照规定的流程标准方法执行,最终使航空装备维修保障作业实现精细化管理目标。规范维修保障作业流程体系核心内容是依托管理流程图、管理标准表和管理表单(含维修工作卡片),优化和再造六大核心流程。

(1)以岗位定职责、以职责定内容、以效率为导向的维修一线组织指挥流程。要理顺和优化以岗位定职责、以职责定内容、以效率为导向的组织指挥管理流程。规范以机务各类值班员为主体的维修一线组织管理模式,采用机务总值班员、中间级值班员和维修保障人员三级组织结构。对维修管理和作业岗位进行重构和描述,明确岗位设置、职责分工和工作流程。加强维修计划管理,建立并不断完善日计划、日报告和日改进制度,规范指挥信息传递流程,解决维修一线组织管理粗放、执行力不佳和效率不高的问题。

(2)以工卡为载体、以过程为中心、以质量为导向的日常维修流程。全面推行工卡作业管理,完善维修工作卡片和干部检查、检验卡片,按照"依据规程,细于规程,便于操作"的原则,科学确定每个工卡的内容,细化专业队长以上干部监督检验的内容、标准、时机和方法,设计相应工卡,突破行政编制界限和专业界限。优化维修保障、故障处理、串换机件等工作的管理流程。规范工具管理、卡片管理、岗位管理、照相管理等业务流程,解决维修保障质量和效率不高的问题。

(3)以质量为核心、以安全为基点、以任务为导向的飞行保障流程。推行"机械师负责制"和"专业人员派工制",采取机械师和机械员固定飞机,其他人员可根据维修保障任务灵活派工配置的办法,提高维修保障人员的利用率。实行部分专业和岗位人员的定点保障、定位操作,打破中队界限和机组界限,提高保障效率和质量。设计飞行人员反映问题处理流程和特情处置工作流程,落实专项质量检验制度,量化干部检查飞机内容,明确质量标准,设计质量检查、检验节点,前移放飞关口,确保质量和安全。

(4)以网络为平台、以控制为重点、以信息为导向的维修信息管理流程。明确质控工作各个岗位的职责和分工,理顺和优化质量控制各项工作流程,实现维修指令信息、维修状态信息的闭环管理,规范航空装备使用和控制信息,确保信息的及时性、准确性、完整性和规范性。加强质量安全信息的分析研究,通过流程再造,不断完善技术措施、管理措施。

（5）以岗位定标准、以标准训技能、以素质为导向的机务训练流程。按照部队实际需求,按上岗训练、日常训练和换装训练,设计机务人员业务训练流程和训练管理流程,建立机务人员电子技术档案,施行工作证、工作卡制度,全面推行考勤管理。设置训练值班员和专业教员岗位,明确岗位职责和工作内容,与日常维修和飞行保障并行组织教育训练。采用网络多媒体教学、模拟器训练教学、专题技术研究和维修科研等形式,落实人员日常业务培训内容,以岗定标,按"纲"施训,解决训练时间难以落实、人员业务技能提高不快、不能完全适应岗位需要的问题。

（6）以管理为平台、以质量为核心、以服务为导向的定检修理管理流程。重点规范和优化定检、换发等管理流程,实行全面质量管理和控制。以面向外场服务为根本出发点,设置服务岗位,增强服务意识,规范和优化探伤、临修、备件校验等流程,制定作业指导书,全面规范各项工作。

8.3.3　加强维修保障现场管理

加强维修保障现场管理主要是在维修保障现场推行 6S 管理,普及 6S 管理知识,开展人员培训,编写推行手册,持续开展整理、整顿、清扫、清洁,规范现场秩序,提高人员素养,确保质量安全。对维修保障作业现场的人、机、料、法、环等多个要素进行有效管理,可以采用目视管理、看板管理,以及 6S 管理中的相关工具,实现作业现场干净整洁,没有冗余物品,符合维修保障的质量要求;装设备维护良好,符合使用要求,且摆放正规有序;维修保障作业的操作程序统一规范,确保操作过程无偏差。

8.4　航空维修精细化管理主要理论工具

8.4.1　流程管理

流程管理强调以流程为中心,对工作全过程全要素进行科学化、规范化管理,核心是着眼实现单位目标任务,对跨部门或岗位工作的各个环节进行规范、协调、控制和持续优化,达到提高整体质量效益的目的。在精细化管理中,流程管理具有基础性、全局性和主导性的地位作用,约束理论、精益理论、六西格玛理论等其他管理理念和方法的运用,都是以标准化工作流程为基础的。因此,开展维修保障精细化管理试点,首先应从梳理规范标准化的工作流程体系入手,以此为切入点和主线,进而带动其他工作全面展开。

流程管理对于组织具有重要的意义:一是理顺工作过程,消除工作"重叠",连通工作"断点",拉直工作"走向",保留有效活动,改造低效活动,消除无效活动;二是落实工作责任,通过将工作活动明确到具体岗位或机构,解决了工作协调不畅、责任落实不清等问题;三是提高工作效率,如通过日计划管理流程的落实,取代以往工作内容靠电话和口头传达的方式,解决了信息传递慢、指挥效率低等问题;四是提高工作质量,通过规范的流程,量化了工作,明确了责任,从而有利于提高工作质量。此外,流程管理还有利于组织转向以流程为中心的思维方式,有效弥补传统区域化和职能式管理模式的弊端。

8.4.2　精益思想

精益思想源于日本的丰田生产方式。精益思想的目标是在实践中消除浪费,降低成本;减少波动,改善质量;消除僵化,快速响应。浪费、波动与僵化是工作活动中的三大损失来源。浪费是指成本增加、价值不增加的行为。精益思想中,浪费有 7 种类型:过度生产、等候、运送、过度加工、库存、无谓活动、返工。波动是任何偏离标准的情况。僵化是指导致企业无法及时满足顾客变化的需求。实施精益,就是运用一整套的精益管理工具,采取相应的措施和方法,清除 3 种损失来源,实现精益的 3 个目标。

精益思想的核心理念包括:①准时生产理念。只在必要时生产必要的产品,以防止生产滞后和过量生产。②零库存理念。精益企业的"零库存",并不是没有库存,而是采用拉动生产方式,将正确的物资以正确的数量在正确的时间送到正确的需求地点。③现场管理理念。现场管理以工作现场为对象,对工作人员、工作涉及的设备事物、工作场所三者关系的结合状态进行的管理。现场管理是其他专业化管理的基础。④持续改进理念。精益是一个持续不断的追求过程,贯彻这一过程的重要活动就是持续改进活动。改进的重点是系统的优化和资源配置的优化。

将精益思想引入维修保障领域,对维修保障的计划、实施、评估全过程进行重新审视,审视每一项工作、每一个步骤是否有价值,以及价值的大小,从而决定工作的取舍,确保从源头上、过程中消除浪费,实现投入最小资源,创造更多价值的目的。

8.4.3　六西格玛理论

六西格玛理论脱胎于全面质量管理,是一种用于控制波动,保证工作质量稳步持续提高的管理理论。其核心是通过对工作流程中关键环节的动态数据和结果差错进行统计、分析、改进,使工作差错率控制在百万分之三点四范围内,如毛泽东选集 4 卷,一共 107 万字,按此标准,最多允许有 3.6 处错误,六西格玛理论旨在提高质量和服务,降低成本,缩短运转周期,增强组织竞争力,实现客户满意。六西格玛理论最大的特点就是以数据和事实为基础进行科学决策,强调一切用数据和事实说话。

在开展维修保障精细化管理过程中,可以运用六西格玛理论,对维修保障工作流程中关键环节的动态数据和结果差错进行实时统计,计算出差错率,并利用数学模型,对出现差错的原因进行数据化分析,制定相应的解决对策,消除导致误差的因素,以降低工作差错率,进而提高维修保障质量效益。

8.4.4　约束理论

约束理论强调从系统全局的角度,查找和消除工作流程中的弱项,发挥整体效能,核心是找出和改进工作流程中的瓶颈,使系统效能最大化。这一理论与木桶定律或弱环原理所揭示的道理类似;弱环原理是指一个金属链条中,决定拉力强度的是最弱的链环,增加链条拉力强度不是补最强的链环而是补最弱的链环。任何一个现实系统中,总是关键的极少数要素约束或制约着普通的绝大多数,只有抓住关键的极少数约束要素或薄弱环节进行持续改善,才能提升系统效能。

在开展维修保障精细化管理过程中,可以运用约束理论,站在全局的角度,对维修保障工作流程中关键环节的质量效益进行监测,找到工作流程中的"短板"和薄弱环节,分析查找问题原因,进而制定相应的措施办法加以解决,以达到工作流程整体效能最优的目的。

8.5　民航持续适航管理

8.5.1　持续适航管理含义和作用

8.5.1.1　持续适航管理的含义

民用航空器的适航性,是指该航空器包括其部件及子系统整体性能和操纵性能在预期的环境和使用限制下的安全性和物理完整性的一种品质。这种品质要求航空器应始终处于保持符合其型号设计和安全运行的状态。

持续适航管理就是在民用航空器通过了型号和各种审查,获取适航证并投入运行之后,为保持航空器在设计制造时的基本安全标准或适航水平,保持航空器始终处于安全运行状态而进行的管理活动。

其主要任务可以归纳为符合与改正。符合即航空器符合型号审定时的技术状态;改正即特定型号的航空器和产品由于在标准制定或标准符合方面可能存在未探明的变化,同时由于设计缺陷和制造的缺陷可能引起不可预计的综合失效,以及可能存在意料之外的操作条件或者环境条件等因素,实际的适航安全风险水平可能会高于设定的标准。这时需要制定相应的改正措施,来保证飞机处于安全运行的状态。为了完成持续适航第一项任务,首先要提前计划和制定保持飞机安全固有品质的方法和程序,然后按照已经制定的方法和程序运行。在飞机型号审定阶段,持续适航文件的制定就是完成这项任务的一种文件表现形式。持续适航的第二项任务是不能预计和计划的,解决的办法是采用风险管理的方法来识别,并管理可能存在的风险。

8.5.1.2　持续适航管理的作用

一是保证最低安全的需要。适航性要求是公众可接受的最低安全水平,即百万飞行小时发生一次灾难性事故,等同于人的自然意外死亡率——如喝水呛死、走路绊死。适航的作用在于保证飞行安全,为保证民用航空器的适航性而制定最低安全标准。只有适航性达标,才允许飞行,否则禁止飞行。

二是建立规范的安全运行体系。适航为航空器设计、制造、使用和维修单位建立的法规标准,对保证飞行安全、促进民航事业的发展有着巨大作用。通过适航,制定和修改适航标准和审定监督规则,对民用航空器的设计进行型号合格审定,对航空器的使用者提出要求和使用限制,监督航空器的适航完整性;对维修单位进行审查,发放维修许可证,监督检查维修的质量保证;对维修人员进行考核,发放执照,保证维修人员的技术水平。

8.5.2　民航持续适航管理体系的构成和特点

8.5.2.1　民航持续适航的"五大要素"

民航的持续适航管理体系围绕影响民机使用与维修的"五大要素"构建,即"人、机、料、法、环"。

1）人

航空人员是整个航空运营过程中所有工作的承担主体，在运营活动中，所有的适航责任均由航空人员负责具体落实。航空事故致因分类分析表明，由航空人员出差错而导致的事故比例高达 80%。

航空人员的适航责任：航空管理人员为负责航空公司运行、维修、质量体系的运行管理；技术人员负责一线运行、维修等具体技术工作，包括飞行机组成员、客舱机组成员、维修人员、飞行签派员；监察人员负责航空营运人资格审定和航空运营活动的监督、调查和行政执法等工作。

2）机

适航性保持与恢复控制：根据中国民用航空规章 CCAR-121 部第 121.363 条规定：航空公司对航空器的适航性负责，包括机体、发动机、螺旋桨、设备及其部件的适航性。为确保航空器适航性和运行设备、应急设备的可用性，航空公司应作如下工作：每次飞行前按照飞机维修方案完成所有维修任务，并进行必要的检查和放行；对于影响安全运行的有关缺陷和损伤进行处理并达到批准的标准，如该型飞机有可用的最低设备清单，应符合该清单规定的要求；依据可靠性方案分析并保持飞机维修方案的有效性；完成适航指令和局方要求强制执行的任何其他持续适航要求；依据批准的标准完成改装，对于非强制性改装，制定具体政策。

3）料

航材指除航空器机体以外的所有航空器部件和原材料。航材的适航性和状态直接影响被修航空器的适航性。对航材的监管是局方的一项重要工作，监管的重点是对航材适航性的监管，以防止不合格航材流入。为了保证航材的适航性，局方对影响适航性状况的运输、包装、存储和保护环节进行了相应规定。其中，包装运输必须满足 ATA-300 的要求，而存储和保护必须按照 CCAR-145 部的要求进行。对于偏离存储条件的航材，必须进行适当处理后才能使用或者准备使用。偏离存储条件航材的处理原则可参见《维修计划和控制》(AC-121-66)。航空公司和维修单位的航材使用包括航材输入、航材入库存储和航材使用 3 个环节，民航局通过适航规章和咨询通告的形式，要求航空公司和维修单位对以上 3 个环节进行严格控制。

4）法

航空器运行文件和使用限制资料是安全操作和放行飞机的技术依据，为飞机的正常操作、紧急情况处理提供操纵程序和处理指南，是航空器安全飞行的技术保证。民航适航管理当局对航空器运行文件和使用限制资料的编制和管理相当严格。运行文件和使用限制资料在适航审定过程必须获得局方的批准，该型航空器才能获得型号合格证。

常用的运行文件和使用限制资料包括航空器飞行手册（AFM）、飞行机组操作手册（FCOM）、快速检查单（QRH）、重量平衡手册（WBM）、最低设备清单（MEL）和主最低设备清单（MMEL）、外形缺损清单（CDL）。

5）环

民航管理当局为了确保航空器具有安全的运行环境，并能应对可预见的恶劣自然环境，通过法规、标准对航空器运行航线和特殊环境下的运行提出了严格要求。

（1）局方对航线"适航性"的控制。为了保证航空器具有安全的运行环境,中国民航局在《大型飞机运行合格审定规则》(CCAR-121-R2)中对航线进行了详尽的要求,确保航线的"适航性"(航线适于飞机飞行)。

（2）对不利天气条件下的运行控制。加装专用设备,提高对不利气象条件的探测和规避能力。颁发特殊天气条件下的管理程序和运行标准。

（3）对特殊地理环境下运行的控制。在特殊地理环境(如高原、跨水飞行)运行时,为保证飞机满足特殊地理环境下运行要求,规章对航空器提出了进一步的适航要求。

（4）对"按特殊运行要求"运行的控制。航空营运人为了获得更多的经济效益,提高飞机的使用率,减少各种地理环境、空域限制等不利影响,会要求飞机按照特殊的要求运营。为了保障这些特殊运营情况,飞机也应满足相关的运行要求。

（5）航空公司安全环境。航空公司的工作人员是运营民用航空器、落实适航责任的主体,航空公司的环境会对工作人员产生潜移默化的影响,这最终将会对航空器的安全产生影响。这里航空公司的环境是指广义上的环境,除了工作人员的工作环境外,还包括企业的制度环境、人文环境。

8.5.2.2　民航持续适航的"五大支柱体系"

在民航持续适航的"五五原则"中,除前述的"五大要素"之外,还有"五大体系"。

1）质量体系

维修单位应当建立一个由责任经理负责的质量系统,质量系统应当符合以下规定:

（1）由责任经理发布明确的质量管理政策,并根据此管理政策明确各部门和人员的职责。各部门和人员的职责应当避免重叠与交叉。

（2）根据各类人员职责明确其资格要求并建立人员岗位资格评估制度,对于满足资格要求人员以书面的形式进行授权。各类维修人员的授权可以由质量经理或者其授权的人员签署;放行人员授权应当由责任经理或者由其授权的质量经理签署。

（3）在质量部门应当保存一份完整的对各类维修人员授权的记录,在相关的工作现场应当保存一份复印件;在质量经理处应当保存一份完整的对放行人员授权的记录,在放行人员的工作场所应当保存一份授权的复印件。

（4）建立必要的工作程序,明确各部门和人员的职责。工作程序应当涵盖本规定的适用要求,制定和修改工作程序应当由责任经理或者由其授权的质量经理批准并且应当在批准后在实际工作中实施。

2）自我质量审核系统

维修单位应当建立一个符合下列规定的独立的自我质量审核系统,或者将自我质量审核功能赋予其质量部门,有计划地评估本单位维修工作对规定要求的符合性,验证质量管理系统的有效性,并进行自我完善。

3）工程技术系统

工程技术系统负责维修方案的编写、改装及修理方案的评估及工卡编写、飞机构型管理等适航工作,是持续适航维修方案管理的重要组成。维修单位应当建立一个落实其工程管理责任的工程技术系统,包括制定与其维修工作有关的下列技术文件。

（1）根据有关适航性资料及送修人的要求制定维修工作单卡。

（2）根据有关适航性资料制定维修工作实施依据文件。

4）生产控制系统

维修单位应当建立一个由各有关生产部门及维修车间共同组成的生产控制系统。生产控制系统应当符合下列规定。

（1）生产控制系统在实施每项维修工作前应当确认具备维修工作所需要的厂房设施、工具设备、器材、合格的维修人员、适航性资料及技术文件。

（2）生产控制系统安排的维修工作计划应当与本单位维修工时资源相适应。维修工时资源应当根据本单位的人员素质、倒班制度等确定。

（3）当某些维修工作步骤同时进行可能会对施工安全性和维修质量造成不良影响时，生产控制系统应当合理安排工作顺序以避免其发生。当因休息或者交接班等需要中断正在进行的维修工作时，生产控制系统应当控制工作步骤及记录的完整性，以保证维修工作的连续性。

（4）生产控制系统应当对每项具体的维修工作建立维修工时管理制度，记录实际维修工时，并与标准工时进行对比，以控制维修工作的完整性。维修工时管理应当以"人·小时"为单位。标准工时的确定应当依据工作内容、人员素质、工具设备的状况和工作条件等有关因素。在保证维修工作完整性的前提下，初始标准工时可参考航空器或者航空器部件制造厂家推荐的数据或同类维修单位的经验，并通过统计分析不断调整标准工时。

5）安全管理体系

安全管理系统（Security Management System, SMS）是目前国际领先的安全管理方法，对航空公司提升安全管理水平具有重大意义。2008年底，根据中国民航局要求，航空公司正式开始SMS系统建设。2010年，民航局发布了《大型飞机公共航空运输承运人运行合格审定规则》（CCAR-121-R4）第四次修订版，明确了承运人建立SMS的相关要求，并修订了运行规范，新增"A0014安全管理体系运行规范"，并从2010年起对航空公司进行SMS补充审定。

8.5.2.3 民航持续适航管理的特点

国内外民航系统为保证飞行安全，围绕持续适航做了大量工作，如注重系统建设、体系构建、法规约束、科学管理、方法创新，强调制度法规的权威性和严肃性，强调要构建贯穿机务人员职业生涯全过程的培训链条，强调在实践当中运用精细化管理理论和工具来提高工作效率和效益。

民航持续适航管理的特点主要包括5个方面：一是以安全为刚性约束的适航规章体系；二是系统完备的持续适航文件体系；三是基于适航要求的维修大纲和方案；四是基于ATOS的安全监察体系；五是以风险为核心的安全管理体系。

8.5.3 民航持续适航管理的启示和思考

（1）加强军机维修保障的法规体系建设。从民航维修保障的实践情况可以看出，无论是国外还是国内均十分注重法规体系建设，建立了层次清晰、要素完整的适航法规。强化法规建设，坚持依法维修，是民航始终坚持的核心理念。随着装备建设的快速发展和部队精细化维修保障的深入开展，针对新情况加强法规体系建设需求越来越迫切。

（2）完善符合军机特点的维修管理体系。民航遵从 CCAR-121AA 的航空安全要求建立了完善的航空维修管理体系,强调了保证航空器持续适航的要素。目前,部队存在维修管理体系不够完善,机构和岗位设置有待调整,质量指标存在局限等问题,因此还需完善符合军机特色的维修管理体系。具体思路是:构建工程管理、质量管理、人员培训、技术检查和维修控制等部门完整的维修管理体系。

（3）借鉴适航理念深化机务人员的培训。民航机务人员培训,严格按照 CCAR-66、CCAR-121、CCAR-145、CCAR-147 等适航法规开展,对其培训机构资质及考核评价标准、培训大纲编制、授课教员资质、培训管理、参训人员能力考核评估标准等都有明确的规定,考核评估主要是维修单位许可证和维修人员的执照要求,效力明显,民航的培训和考核系统完善。目前,航空兵部队机务人员培训尚未建立起一套较为完善的机务人员培训管理体系,在部分师、旅、团机务系统尚未设立专职的培训管理部门,各单位每年按照训练大纲制定培训计划,因缺乏相应的主管部门和监管机制,训练效果还有待进一步提高。

（4）持续开展保障体制与保障模式研究。随着技术复杂度的提高,飞机的“系统性”越来越明显,按照传统的机械、军械、特设、电子等“专业”进行外场工作分工,不利于维修人员对飞机系统的理解以及维修工作的开展。如何在新机保障中有效落实军民融合,发挥军民维修保障力量优势;如何加强飞机质量信息的收集、共享与利用,更好地开展以可靠性为中心的维修,以最小的维修资源消耗,运用逻辑决断分析法确定所需的维修内容、维修类型、维修间隔期和维修级别,制定出预防性维修大纲,从而达到优化维修的目的,将维修工作的有效性、经济性、适用性联系起来。上述问题都需要持续深入研究。

小　　结

本章阐述了航空维修精细化管理的相关内容,介绍了航空维修精细化管理的意义、内涵、特征、主要内容,概述了航空维修精细化管理主要理论工具,并对民航持续适航管理的主要内容作出了阐述。

思 考 题

1. 简述航空维修精细化管理的内涵和特征。
2. 航空维修精细化管理主要理论工具有哪些?
3. 结合维修工作实践,谈谈如何规范维修保障流程体系。
4. 民航持续适航管理的含义和作用是什么?

参考文献

[1] 王端民．航空维修质量与安全管理[M].北京:国防工业出版社,2008.

[2] 郑东良,王坚浩．航空维修管理[M].北京:国防工业出版社,2022.

[3] 张凤鸣,等．空军装备学[M].北京:解放军出版社,2009.

[4] 郑东良．航空维修理论[M].北京:国防工业出版社,2007.

[5] 端木京顺,常洪,等．航空装备安全学[M].北京:国防工业出版社,2010.

[6] 陈云翔．可靠性与维修性工程[M].北京:国防工业出版社,2007.

[7] 王计宪．航空装备安全学[M].北京:国防工业出版社,2009.

[8] 宁顺杰,等．航空装备及保障概论[M].北京:解放军出版社,2006.

[9] 孙永军,等．空军航空机务人员基础知识[M].北京:蓝天出版社,2011.

[10] 张凤鸣,郑东良,吕振中．航空装备科学维修导论[M].北京:国防工业出版社,2006.

[11] 李瑞迁．空军航空机务学[M].北京:国防大学出版社,2005.

[12] 陈学楚．现代维修理论[M].北京:国防工业出版社,2003.

[13] 宋建社,曹小平,曹耀钦,等．装备维修信息化工程[M].北京:国防工业出版社,2005.

[14] 韩景偶．航空装备寿命周期费用与经济分析[M].北京:国防工业出版社,2008.

[15] 宋太亮,等．装备综合保障实施指南[M].北京:国防工业出版社,2004.

[16] 同淑荣．质量管理学[M].北京:科学出版社,2014.

[17] 胡铭．现代质量管理学[M].武汉:武汉大学出版社,2010.

[18] 舒正平,等．军事装备维修保障学[M].北京:国防工业出版社,2013.

[19] 舒正平,等．军事装备维修管理学[M].北京:国防工业出版社,2012.

[20] 张智勇．ISO/TS16949 五大工具[M].北京:机械工业出版社,2014.

[21] 杨吉华．质量工具简单讲[M].广州:广东经济出版社,2012.

[22] 杨兴文,郑秋菊．质量管理工具箱[M].北京:中国电力出版社,2012.